仿真科学与技术及其军事应用丛书

U0636540

计算机生成兵力
（第 2 版）

杨瑞平　高国华　张立勤　编著

国防工业出版社

·北京·

内 容 简 介

本书共分为 13 章:第 1 章介绍计算机生成兵力的基本含义及其相关内容,阐述了在作战仿真中,构建计算机生成兵力实体的重要性;第 2 章介绍了计算机生成兵力的体系结构;第 3 章对计算机生成兵力人类行为建模的定义、建模内容和方法等基础性知识进行了介绍;第 4 章~第 9 章分别论述了在计算机生成兵力中,如何构建人类态势感知行为、决策行为、学习行为、协同行为、机动行为和火力行为的模型;第 10、11 章分别介绍了聚合级计算机生成兵力和计算机生成兵力的多分辨率建模这两个方面的基本内容;第 12 章分析了计算机生成兵力聚合与解聚的主要方法;第 13 章对面向计算机生成兵力的战场环境建模进行了阐述。

本书适合于从事分布式交互仿真研究,特别是从事计算机生成兵力研究的科技工作者参考。

图书在版编目(CIP)数据

计算机生成兵力/杨瑞平,高国华,张立勤编著. —2
版. —北京:国防工业出版社,2013.8
(仿真科学与技术及其军事应用丛书)
ISBN 978 - 7 - 118 - 08560 - 0

Ⅰ.①计…　Ⅱ.①杨…②高…③张…　Ⅲ.①计
算机仿真 – 应用 – 军事 – 研究　Ⅳ.①E919

中国版本图书馆 CIP 数据核字(2013)第 041881 号

※

*国防工业出版社*出版发行

(北京市海淀区紫竹院南路 23 号　邮政编码 100048)
北京嘉恒彩色印刷责任有限公司
新华书店经售

*

开本 710×960　1/16　印张 12¼　字数 194 千字
2013 年 8 月第 2 版第 1 次印刷　印数 1—2000 册　定价 45.00 元

(本书如有印装错误,我社负责调换)

国防书店:(010)88540777　　发行邮购:(010)88540776
发行传真:(010)88540755　　发行业务:(010)88540717

丛书编写委员会

总　序

　　为了满足仿真工程学科建设与人才培养的需求,郭齐胜教授策划在国防工业出版社出版了国内第一套成体系的系统仿真丛书——"系统建模与仿真及其军事应用系列丛书"。该丛书在全国得到了广泛的应用,取得了显著的社会效益,对推动系统建模与仿真技术的发展发挥了重要作用。

　　系统建模与仿真技术在与系统科学、控制科学、计算机科学、管理科学等学科的交叉、综合中孕育和发展而成为仿真科学与技术学科。针对仿真科学与技术学科知识更新快的特点,郭齐胜教授组织多家高校和科研院所的专家对"系统建模与仿真及其军事应用系列丛书"进行扩充和修订,形成了"仿真科学与技术及其军事应用丛书"。该丛书共 19 本,分为"理论基础—应用基础—应用技术—应用"4 个层次,系统、全面地介绍了仿真科学与技术的理论、方法和应用,体系科学完整,内容新颖系统,军事特色鲜明,必将对仿真科学与技术学科的建设与发展起到积极的推动作用。

中国工程院院士

中国系统仿真学会理事长

李伯虎

2011 年 10 月

序 言

　　系统建模与仿真已成为人类认识和改造客观世界的重要方法,在关系国家实力和安全的关键领域,尤其在作战试验、模拟训练和装备论证等军事领域发挥着日益重要的作用。为了培养军队建设急需的仿真专业人才,装甲兵工程学院从 1984 年开始进行理论研究和实践探索,于 1995 年创办了国内第一个仿真工程本科专业。结合仿真工程专业创建实践,我们在国防工业出版社策划出版了"系统建模与仿真及其军事应用系列丛书"。该丛书由"基础—应用基础—应用"三个层次构成了一个完整的体系,是国内第一套成体系的系统仿真丛书,首次系统阐述了建模与仿真及其军事应用的理论、方法和技术,形成了由"仿真建模基本理论—仿真系统构建方法—仿真应用关键技术"构成的仿真专业理论体系,为仿真专业开设奠定了重要的理论基础,得到了广泛的应用,产生了良好的社会影响,丛书于 2009 年获国家级教学成果一等奖。

　　仿真科学与技术学科是以建模与仿真理论为基础,以计算机系统、物理效应设备及仿真器为工具,根据研究目标建立并运行模型,对研究对象进行认识与改造的一门综合性、交叉性学科,并在各学科各行业的实际应用中不断成长,得到了长足发展。经过 5 年多的酝酿和论证,中国系统仿真学会 2009 年建议在我国高等教育学科目录中设置"仿真科学与技术"一级学科;教育部公布的2010 年高考招生专业中,仿真科学与技术专业成为 23 个首次设立的新专业之一。

　　最近几年,仿真技术出现了与相关技术加速融合的趋势,并行仿真、网格仿真及云仿真等先进分布仿真成为研究热点;军事模型服务与管理、指挥控制系统仿真、作战仿真试验、装备作战仿真、非对称作战仿真以及作战仿真可信性等重要议题越来越受到关注。而"系统建模与仿真及其军事应用系列丛书"中出版最早的距今已有 8 年多时间,出版最近的距今也有 5 年时间,部分内容需要更新。因此,为满足仿真科学与技术学科建设和人才培养的需求,适应仿真科学与技术快速发展的形势,反映仿真科学与技术的最新研究进展,我们组织国内 8 家高校和科研院所的专家,按照"继承和发扬原有特色和优点,转化和集成科研学术成果,规范和统一编写体例"的原则,采用"理论基础—应用基础—应用技术—应用"的编写体系,保留了原"系列丛书"中除《装备效能评估概论》外的其余9本,对内容进行全面修订并修改了5本书的书名,另增加了10本新书,形成"仿真科学与技术及其军事应用丛书",该丛书体系结构如下图所示(图中粗体表示新增加的图书,括号中为修改前原丛书中的书名):

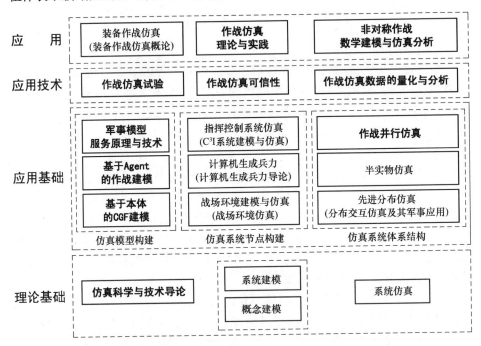

中国工程院院士、中国系统仿真学会理事长李伯虎教授在百忙之中为本丛书作序。丛书的出版还得到了中国系统仿真学会副秘书长、中国自动化学会系统仿真专业委员会副主任委员、《计算机仿真》杂志社社长兼主编吴连伟教授,空军指挥学院作战模拟中心毕长剑教授,装甲兵工程学院训练部副部长王树礼教授、装备指挥与管理系副主任王洪炜副教授和国防工业出版社相关领导的关心、支持和帮助,在此一并表示衷心的感谢!

仿真科学与技术涉及多学科知识,而且发展非常迅速,加之作者理论基础与专业知识有限,丛书中疏漏之处在所难免,敬请广大读者批评指正。

郭齐胜

2012 年 3 月

总　序

　　仿真技术具有安全性、经济性和可重复性等特点,已成为继理论研究、科学实验之后第三种科学研究的有力手段。仿真科学是在现代科学技术发展的基础上形成的交叉科学。目前,国内出版的仿真技术方面的著作较多,但系统的仿真科学与技术丛书还很少。郭齐胜教授主编的"系统建模与仿真及其军事应用系列丛书"在这方面作了有益的尝试。

　　该丛书分为基础、应用基础和应用三个层次,由《概念建模》、《系统建模》、《半实物仿真》、《系统仿真》、《战场环境仿真》、《C^3I 系统建模与仿真》、《计算机生成兵力导论》、《分布交互仿真及其军事应用》、《装备效能评估概论》、《装备作战仿真概论》10 本组成,系统、全面地介绍了系统建模与仿真的理论、方法和应用,既有作者多年来的教学和科研成果,又反映了仿真科学与技术的前沿动态,体系完整,内容丰富,综合性强,注重实际应用。该丛书出版前已在装甲兵工程学院等高校的本科生和研究生中应用过多轮,适合作为仿真科学与技术方面的教材,也可作为广大科技和工程技术人员的参考书。

　　相信该丛书的出版会对仿真科学与技术学科的发展起到积极的推动作用。

中国工程院院士

2005年3月27日

序 言

仿真科学与技术具有广阔的应用前景,正在向一级学科方向发展。仿真科技人才的需求也在日益增大。目前很多高校招收仿真方向的硕士和博士研究生,军队院校中还设立了仿真工程本科专业。仿真学科的发展和仿真专业人才的培养都在呼唤成体系的仿真技术丛书的出版。目前,仿真方面的图书较多,但成体系的丛书极少。因此,我们编写了"系统建模与仿真及其军事应用系列丛书",旨在满足有关专业本科生和研究生的教学需要,同时也可供仿真科学与技术工作者和有关工程技术人员参考。

本丛书是作者在装甲兵工程学院及北京理工大学多年教学和科研的基础上,系统总结而写成的,绝大部分初稿已在装甲兵工程学院和北京理工大学相关专业本科生和研究生中试用过。作者注重丛书的系统性,在保持每本书相对独立的前提下,尽可能地减少不同书中内容的重复。

本丛书部分得到了总装备部"1153"人才工程和军队"2110 工程"重点建设学科专业领域经费的资助。中国工程院院士、中国系统仿真学会副理事长、《系统仿真学报》编委会副主任、总装备部仿真技术专业组特邀专家、哈尔滨工业大学王子才教授在百忙之中为本丛书作序。丛书的编写和出版得到了中国系统仿真学会副秘书长、中国自动化学会系统仿真专业委员会副主任委员、《计算机仿真》杂志社社长兼主编吴连伟教授,以及装甲兵工程学院训练部副部长王树礼教授、学科学位处处长谢刚副教授、招生培养处处长钟孟春副教授、装备指挥与管理系主任王凯教授、政委范九廷大校和国防工业出版社的关心、支持和帮助。作者借鉴或直接引用了有关专家的论文和著作。在此一并表示衷心的感谢!

由于水平和时间所限,不妥之处在所难免,欢迎批评指正。

郭齐胜

2005 年 10 月

前 言

　　计算机生成兵力是分布交互仿真系统的一个重要组成部分。本书是在《计算机生成兵力导论》一书的基础上,结合作者近年来的研究成果并参考有关文献修订,具体包括以下几个方面:一是将人类行为进行更为细致的划分,增加了对人类感知行为、学习行为和协同行为等描述的章节,丰富了计算机生成兵力对人类行为描述的内容。二是去掉了其中的物理行为建模,这部分内容不完全属于计算机生成兵力的范畴,与具体的仿真应用相关。三是根据丛书的特点,去掉了对人工智能技术的描述。通过上述几个方面的调整,使全书结构更为合理,内容更为完善。

　　本书既从理论上对计算机生成兵力这一领域的原理方法进行了探讨,包括计算机生成兵力的一般性知识、基本概念、理论和方法等;又结合工作实际,对计算机生成兵力的实例进行了分析。这样使得全书内容全面、层次清晰、结构完整。同时又尽可能地给出实例供读者参考,力图使本书的内容更加实用,为从事作战仿真专业的读者提供一本好的参考书。

　　本书参考或直接引用了一些国内外的论文和著作,在此向这些论文和著作的作者表示感谢。

　　在本书的成稿过程中,得到了中国系统仿真学会理事长、中国工程院院士李伯虎研究员和总装备部装甲兵工程学院郭齐胜教授的悉心指导,在此一并表示深深的谢意。

编著者
2013 年 1 月

目 录

第1章 绪论 001

1.1 计算机生成兵力的定义 001
1.2 计算机生成兵力的作用和意义 002
1.3 计算机生成兵力的关键技术 003

第2章 计算机生成兵力体系结构 004

2.1 引言 004
2.2 计算机生成兵力体系结构设计的原则 005
2.3 计算机生成兵力体系结构 006
    2.3.1 基于联邦成员的体系结构 006
    2.3.2 层次化服务的体系结构 007
    2.3.3 基于OODA过程的体系结构 008
    2.3.4 基于信念愿望意图的体系结构 012

第3章 计算机生成兵力的人类行为 016

3.1 引言 016
3.2 人类行为建模定义 017
3.3 人类行为建模内容 018
    3.3.1 态势感知 018
    3.3.2 决策 018
    3.3.3 规划 019
    3.3.4 记忆与学习 019
    3.3.5 协同 019
3.4 人类行为描述方法 020
    3.4.1 结构化文本 020
    3.4.2 离散Petri网 021

　　　　3.4.3　有限状态机 ·· 021

　　　　3.4.4　控制论 ··· 021

　　　　3.4.5　动作行为描述原语 ·· 022

第4章　计算机生成兵力的态势感知　　　　　　　　　　　027

　　4.1　引言 ··· 027

　　4.2　感知行为建模框架 ·· 028

　　4.3　态势感知中的观察行为分析 ·· 030

　　4.4　态势感知模型 ·· 032

第5章　计算机生成兵力的决策行为　　　　　　　　　　　036

　　5.1　引言 ··· 036

　　5.2　决策过程描述 ·· 038

　　　　5.2.1　方案集生成 ··· 038

　　　　5.2.2　感知态势描述 ··· 039

　　　　5.2.3　主体效用分析 ··· 039

　　　　5.2.4　方案优选 ··· 040

　　　　5.2.5　决策的时间特性分析 ·· 040

　　5.3　决策行为实现方法 ·· 042

　　　　5.3.1　基于规则推理的方法 ·· 042

　　　　5.3.2　基于语境推理的方法 ·· 042

　　　　5.3.3　基于案例推理的方法 ·· 042

　　　　5.3.4　一种不完全信息下的决策模型 ······························ 043

第6章　计算机生成兵力的学习行为　　　　　　　　　　　047

　　6.1　引言 ··· 047

　　6.2　学习行为模型框架 ·· 048

　　6.3　学习方式 ··· 049

　　6.4　离线学习 ··· 051

　　6.5　在线学习行为 ·· 052

　　　　6.5.1　基于增强学习的主动学习过程 ································ 053

　　　　6.5.2　在线学习实现策略 ·· 055

第7章　计算机生成兵力的协同行为　057

7.1　引言 ·········· 057
7.2　协同机制 ·········· 059
7.3　典型协同行为建模框架 ·········· 060
7.3.1　Steam ·········· 060
7.3.2　GRATE ·········· 061
7.3.3　协作和协商行为建模框架 ·········· 061
7.4　计划协同 ·········· 062
7.5　按指挥级别进行协同 ·········· 063
7.5.1　含义 ·········· 063
7.5.2　协同方案的产生 ·········· 063
7.5.3　协同行动的实施 ·········· 065

第8章　计算机生成兵力的机动行为　066

8.1　引言 ·········· 066
8.2　路径规划 ·········· 066
8.2.1　全局路径规划 ·········· 067
8.2.2　局部路径规划 ·········· 069
8.3　避开障碍物 ·········· 070
8.3.1　圆形避障 ·········· 071
8.3.2　多边形避障 ·········· 071
8.3.3　过通道 ·········· 072
8.4　队形保持 ·········· 073
8.5　队形变换 ·········· 073
8.5.1　问题引出 ·········· 073
8.5.2　队形变换方法 ·········· 075
8.5.3　基于逼近法的队形变换 ·········· 075

第9章　计算机生成兵力的火力行为　078

9.1　引言 ·········· 078
9.2　目标威胁判断 ·········· 078
9.3　多目标多平台火力分配 ·········· 080

9.3.1　基于线性规划方法的目标火力分配 ············· 080

9.3.2　基于兰彻斯特方程的目标火力分配 ············· 081

9.4　单平台火力分配 ············· 084

9.5　弹种选择模型 ············· 085

9.6　瞄准射击模型 ············· 086

9.6.1　射击方法选择 ············· 086

9.6.2　射击诸元解算 ············· 086

9.6.3　外弹道模型 ············· 090

9.6.4　射弹散布模型 ············· 092

第10章　聚合级计算机生成兵力 ············· 094

10.1　引言 ············· 094

10.2　功能构成 ············· 096

10.2.1　体系结构 ············· 096

10.2.2　指挥决策 ············· 096

10.2.3　数据分发与时间管理 ············· 097

10.3　机动模型 ············· 097

10.3.1　机动模型的结构 ············· 097

10.3.2　机动模型实现流程 ············· 098

10.3.3　机动模型的数学描述 ············· 100

10.4　损耗模型 ············· 103

10.4.1　射击与毁伤 ············· 103

10.4.2　兵力指数损耗模型 ············· 107

10.4.3　兰彻斯特方程类损耗模型 ············· 109

10.4.4　一致性问题 ············· 112

10.5　损耗模型参数的估计 ············· 113

10.6　损耗模型参数的校准 ············· 116

第11章　计算机生成兵力多分辨率建模 ············· 119

11.1　引言 ············· 119

11.2　多分辨率建模的相关含义 ············· 119

11.2.1　术语辨析 ············· 119

11.2.2　研究范畴 ············· 121

11.3 多分辨率建模关键技术 ………………………………… 123
　　11.3.1 多重表示间的交互性 ………………………… 123
　　11.3.2 多重表示间的一致性 ………………………… 124
　　11.3.3 资源开销的有效性 …………………………… 124
11.4 多分辨率建模方法 ……………………………………… 124
　　11.4.1 优化选择法 …………………………………… 124
　　11.4.2 聚合—解聚法 ………………………………… 125
　　11.4.3 多重表示建模 ………………………………… 125
11.5 多分辨率建模仿真应用 ………………………………… 126
　　11.5.1 作战想定 ……………………………………… 127
　　11.5.2 仿真系统设计 ………………………………… 128
　　11.5.3 基于 HLA 的多分辨率建模实现 ……………… 130

第 12 章　计算机生成兵力的聚合—解聚 　　　　　　　　　133

12.1 引言 ……………………………………………………… 133
12.2 聚合 ……………………………………………………… 134
　　12.2.1 概念 …………………………………………… 134
　　12.2.2 聚合的特点 …………………………………… 134
　　12.2.3 聚合的基本形式 ……………………………… 135
12.3 解聚 ……………………………………………………… 136
　　12.3.1 完全解聚法 …………………………………… 136
　　12.3.2 部分解聚法 …………………………………… 137
　　12.3.3 空间区域解聚法 ……………………………… 137
　　12.3.4 伪解聚法 ……………………………………… 137
12.4 聚合—解聚的要求 ……………………………………… 138
　　12.4.1 一致性 ………………………………………… 138
　　12.4.2 逼真度 ………………………………………… 139
12.5 将战场划分为多个战斗分区时的聚合模型 …………… 139
　　12.5.1 战斗分区的兰切斯特定律 …………………… 140
　　12.5.2 均匀兵力分布 ………………………………… 141
　　12.5.3 集中兵力的影响 ……………………………… 142
　　12.5.4 增援和机动集中对聚合模型的影响 ………… 148
12.6 一个基于 HLA 的多分辨率仿真中的聚合解聚建模研究 ……… 149

12.6.1 系统模型构成 ·················· 150

12.6.2 聚合—解聚思路 ·················· 151

12.6.3 技术层模型与战术层模型之间的聚合—解聚 ·········· 151

12.6.4 战术层模型与作战层模型间的聚合—解聚 ············ 152

第 13 章　计算机生成兵力战场环境模型　　　　　　　155

13.1 引言 ································· 155

13.2 战场环境数据库特点 ······················ 156

13.2.1 实时性 ·························· 156

13.2.2 实用性 ·························· 157

13.3 战场环境数据库结构 ······················ 157

13.3.1 战场环境数据组成 ·················· 157

13.3.2 战场环境数据库结构 ················· 158

13.3.3 基本网格信息层结构 ················· 160

13.3.4 网格索引信息层结构 ················· 161

13.3.5 线状抽象特征层结构 ················· 162

13.3.6 面状抽象特征层结构 ················· 163

13.3.7 战场环境数据库的对象模型设计 ············ 163

13.4 战场环境数据库编译器 ····················· 164

13.5 战场环境数据库 API 设计与实现 ················· 166

13.5.1 实现机制 ························ 166

13.5.2 API 体系结构 ····················· 167

参考文献　　　　　　　　　　　　　　　　　　　172

第 **1** 章

绪　论

1.1　计算机生成兵力的定义

计算机生成兵力(Computer Generated Forces,CGF),顾名思义,是指在仿真环境中由计算机生成的兵力,即 CGF 是由计算机程序(算法)实现的软件。相对于现实世界中真实的作战人员和武器装备来说,CGF 是虚拟的。CGF 还有一些其他的称呼,如实体的计算机表示(Computer Representation of Entities)、智能仿真兵力(Intelligent Simulated Forces)、合成兵力(Synthetic Forces)等。

构建一个完整的 CGF 实体至少需要建立其所描述对象的物理模型和思维模型,物理模型反映 CGF 实体的外在能力,如机动装置、火力系统和探测设备的性能,思维模型描述 CGF 实体内在的"心理活动",即展现 CGF 实体所描述对象中的作战人员的决策能力。CGF 的决策分为两个层次,低层次决策如在作战过程中通过对战场态势的判断,决定"自己"或其他 CGF 实体是前进还是后退,前进或后退的速度多大,高层次决策如对多个来袭目标进行威胁程度判断,对多个来袭目标分配打击火力的数量、类型和型号。

根据 CGF 实体是否具有高层次决策能力,可将其划分为半自主兵力(Semi – Automated Forces, SAF)和自主兵力(Automated Forces, AF)两类。SAF 是指在作战仿真过程中,高层次决策由真实操作人员实现,低层次决策通过运行仿真决策模型实现;而 AF 的高层次决策和低层次决策均通过运行仿真决策模型实现。也就是说,在仿真运行过程中,SAF 需要真实操作人员通过人机接口协助其完成威胁判断、火力分配等决策,AF 不需要真实操作人员的干预,就能自动地对仿真环境中的事件和状态做出反应。

早期的 CGF 实体没有高层次决策能力,属于 SAF 一类,其高层次决策由参与仿真的操作人员完成。现在的 CGF 实体多数是通过对人类(作战)行为的充分建模,由计算机生成和控制的仿真实体,属于 AF。

随着建模理论、计算机技术、人工智能技术的发展,作战仿真系统已经从最初由人在回路、模拟器在回路(如 SIMNET)的实体构成,发展成为完全由 CGF 实体组成。CGF 广泛应用于作战仿真领域,用来描述敌方、我方、友方和中立方等各级各类兵力,成为越来越重要的研究对象。本书中提到的 CGF 均属于 AF。

1.2　计算机生成兵力的作用和意义

在计算机出现之前,对部队进行训练经常采用由真实兵力参加的在实际战场上进行的实兵演习,这种实兵演习对部队的训练全面、真实,所以在现代条件下依然经常进行实兵演习。但实兵演习需要耗费大量的人力、物力,组织协调困难,不宜经常使用。

后来出现了利用人工仿真方法开展军事训练的方式,如训练中使用"沙盘"复现真实的战场环境,或使用地图代替战场,组织人员充当对抗双方进行推演。上述训练方式的优点是投入少,实施简单,缺点主要是训练层次有限,训练对象一般局限于特定指挥所的指挥人员,受训面较窄。

随着分布交互仿真技术的发展,利用计算机网络搭建分布交互仿真平台开展军事训练逐渐成为作战训练的重要方式。在用于训练的分布交互仿真平台中,受训人员往往需要一个敌方兵力作为对手来进行训练。模拟敌方兵力的方法主要有三种:

(1) 采用两组受训者利用作战仿真系统进行对抗训练,他们互为对方的敌方兵力。这种方法的缺点是:① 在使用模拟器构建仿真系统的情况下,需要较多的价格昂贵的硬件设施设备;② 为了提供敌方兵力,每个作战单元都需要两组人员,参训人员数量多,但事实上,两组人员是相互熟悉的己方人员,在对抗中往往使用相同的作战方法,导致对抗的可信度不高。

(2) 使用专门的导训人员作为敌方兵力,导训人员在对抗训练前,对所代表敌方的战术条令进行了学习和训练,熟悉了其所代表敌方的作战规则。但训练这些导训人员需要花费大量的时间和精力。

(3) 采用 CGF 实体代表敌方兵力,采用 CGF 实体代表敌方兵力的优点是:① 对一个给定的作战想定,可以大大减少所需操作人员和模拟器的数量,降低系统硬件和人力成本;②可以按所希望的任意敌方的战术条令行动,组织协调简单;③训练规模可大可小;④可以基于敌我双方武器装备未来的可能发展,对部队进行超前训练。

对于敌我双方尚未服役的武器装备,可以用 CGF 对其战技性能指标进行模拟,使受训人员提前对尚未服役的武器装备进行操作和使用训练。

在作战仿真中利用 CGF 实体代表敌方兵力的上述做法同样适用于我方兵力。如果全部采用 CGF 描述作战实体的话,在作战仿真系统中可以不需要人的参与,完全利用 CGF 实体开展战法和武器装备运用等的研究。

CGF 的上述优点使得其在现代作战仿真系统中得到了广泛应用。与 CGF 相关的人工智能技术也得到了长足的发展。

1.3　计算机生成兵力的关键技术

美国中央佛罗里达大学仿真与训练研究所(Institute for Simulation and Training,IST)的 Mikel. D. Petty 在他的 CGF 专题文章中,对 CGF 的关键研究方向进行了概括,这些研究方向包括:

(1) CGF 的动作规划;

(2) 仿真模型网络化和细节度可变的仿真;

(3) CGF 的知识获取和表示方法;

(4) 自治性方法建模;

(5) 系统及网络结构;

(6) 仿真有效性检验;

(7) CGF 操作员接口;

(8) 地形表示和基于地形的任务规划;

(9) 战场态势监视;

(10) 作战单元与武器平台的路径规划;

(11) 协同作战行为的实时协调;

(12) 智能化的目标识别与选择;

(13) CGF 实体的自学习能力;

(14) 对 CGF 实体的恐惧感、自我保护能力和失误性的建模;

(15) CGF 的行为规范。

以上这些研究方向基本涵盖了 CGF 的不同方面。本书结合我国 CGF 应用开发的现状,对其中的一些关键技术进行了深入探讨,力图起到抛砖引玉的效果。

第**2**章

计算机生成兵力体系结构

2.1 引 言

体系结构是指一个系统中构件的组织结构、构件之间的关系及支配系统设计与演化的原则和方针。体系结构确定了系统的组成要素和组织方式,即确定了这些要素是什么、做什么、具有什么行为、连接方式、接口以及如何将这些元素结合在一起等。

对 CGF 体系结构的要求主要有以下几方面。

1. 良好的可重用性

CGF 体系结构应能最大限度地利用已经开发的仿真与建模资源、有效地简化建模过程,具有良好的可重用性。

2. 良好的可扩展性

在有限资源的基础上,CGF 体系结构要能够充分利用给定的资源,支持尽可能多的实体;当 CGF 的规模发生变化时,其性能不应降低。

3. 良好的兼容性

CGF 运行在不同操作系统上时,CGF 与操作系统之间的接口应能较好地适应不同的操作系统。

4. 较强的交互能力

在仿真环境中,CGF 实体需要与不同分辨率的实体、战场环境数据库、C^4ISR 系统、仿真管理节点等进行信息交换,所以 CGF 体系结构在接口设计上,应考虑与上述实体、数据库或系统方便交互的能力。

2.2 计算机生成兵力体系结构设计的原则

CGF 体系结构设计应遵循如下原则。

1. 应用程序和通信软件的开发过程分离

CGF 开发人员应将主要精力集中在 CGF 实体建模、实体间交互的描述等方面。在涉及不同仿真实体之间信息交互时,则假定需要交换的数据是可以按照某种通信方式得到的。而仿真系统通信功能开发人员应将主要精力集中在不同仿真实体之间的数据通信上,而无需注意使用这一通信功能的仿真系统的功能、应用领域及具体应用。只要约定好应用程序和通信软件之间的接口规范后,应用程序开发与通信软件开发过程是可以分别进行的。仿真系统通信功能的实现可以采用专门的通信组件实现,通信组件可以自行开发,也可以采用已有的中间件提供通信服务。提供通信服务的中间件的出现使得 CGF 开发人员能够将主要精力放在仿真应用上。

2. 公用部件和特定部件的分离

无论是在建模过程中,还是在仿真应用过程中,都有一些模型、子函数和模型数据可以被当前开发的仿真系统或其他的仿真系统所利用。如果能够在开发过程中利用已有的资源,将会大大提高开发效率和速度。因此,CGF 体系结构应能保证将那些具有通用性的仿真部件与那些只为某个仿真应用所特有的部件分离开来,以便以适当方式保留那些公用部件,使之能够在其他的仿真系统开发中得到方便的应用。

3. 模型结构与模型数据相分离

模型结构定义了模型的基本框架,即模型结构描述了一类具有相同结构特点的模型属性;模型数据是在构造特定模型对象时,用来初始化模型结构的参数值。在模型结构设计时,采用结构化参数来抽象模型数据,实现模型结构与模型数据的分离。这样,既可以使模型的结构清晰、易于维护,又允许用户使用不同的模型数据初始化同一类模型。

4. 模型的模块化和层次化

模块化是模型重用的基础,即每个可重用的模型必须以一个可分离的方式独立存在,并通过标准的输入输出接口定义,实现模块功能和表现形式的独立性。层次化是构造复杂模型的有效方法。事物自身所具有的层次化关系是模型层次化的根本依据。模块应具有独立性,模块之间的信息关联应尽量少。CGF 体系结构设计时,应考虑便于模型的模块化层次化实现。

2.3　计算机生成兵力体系结构

前面提到过,CGF 体系结构应与仿真对象和仿真应用无关,从不同角度设计的 CGF 体系结构应在应用上具有通用性,以下介绍几种不同类型的 CGF 体系结构。

2.3.1　基于联邦成员的体系结构

基于联邦成员的 CGF 体系结构,其基本思想是将 CGF 所表示对象的各个功能部件作为高层体系结构(High Level Architecture,HLA)的一个联邦成员,这些联邦成员之间通过运行时间支撑结构(Run Time Infrastructure,RTI)实现信息交换和交互。也就是说,基于联邦成员体系结构的 CGF 的基本组成部分是符合高层体系结构的联邦成员。这些联邦成员可以模拟不同聚合级的实体。对水面舰艇 CGF 来说,可以是水面舰艇的传感器、武器、对抗措施、导航和指挥与控制系统。这些联邦成员既可以代表完整的水面舰艇平台,也可以代表水面舰艇的某一功能部件。

以下以水面舰艇 CGF 为例,说明基于联邦成员体系结构的概念和应用,如图 2 - 1 所示。

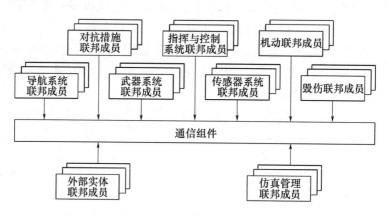

图 2 - 1　基于联邦成员体系结构的水面舰艇 CGF

组成水面舰艇 CGF 的各个联邦成员通过运行时间支撑结构进行信息交互。组成水面舰艇 CGF 的主要联邦成员如下:

(1)导航系统联邦成员,模拟水面舰艇所装备导航系统的行为。

(2)对抗措施联邦成员,模拟水面舰艇对抗措施的行为。其中包括:主动红外对抗措施、主动声对抗措施和箔条发射等。

（3）武器系统联邦成员，模拟水面舰艇武器系统的行为。

（4）指挥与控制系统联邦成员，模拟水面舰艇指挥控制系统的行为。其中包括：数据融合、威胁评估、武器分配和火力控制。

（5）传感器系统联邦成员，模拟水面舰艇传感器系统的行为。包括：声纳、雷达、电子支援传感器和红外传感器。

（6）机动联邦成员，模拟水面舰艇的运动。

（7）毁伤联邦成员，模拟雷弹命中水面舰艇及其系统的毁伤情况。

（8）外部实体联邦成员，模拟本舰艇以外的实体。包括：友方、敌方或中立方的空中、海上或陆地平台，或者各种武器/电子对抗设备。

（9）仿真管理联邦成员，在联邦执行过程中控制系统的运行，实现仿真数据记录和回放，数据分析等。

基于联邦成员体系结构的水面舰艇 CGF 容易导致仿真系统在硬件规模上过分庞大，难以用于大规模作战的海战场仿真，却非常适合对单舰进行仿真分析与论证。

2.3.2 层次化服务的体系结构

层次化服务的 CGF 体系结构如图 2 - 2 所示。该体系结构分为三层，包括仿真接口层、数据管理层和仿真服务层。这些层级全部建立在分布式运行的计算机网络基础上。接口层、管理层和服务层在逻辑上的独立性为 CGF 的重用与

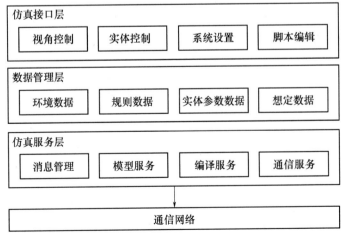

图 2 - 2 层次化服务的 CGF 体系结构

扩展提供了可能。

仿真接口层为仿真用户和开发人员提供了一个易于使用的仿真开发接口。通过图形用户界面,仿真用户可以方便地改变 CGF 的设置,以观察参数变化对仿真结果的影响。仿真过程中,通过视角控制可以方便地将仿真结果反馈给用户。CGF 实体还可提供计划脚本编辑接口,仿真用户通过该接口可以在仿真开始预先为 CGF 实体指定作战任务。在仿真运行中,还可以对 CGF 实体进行干预。开发人员可以使用脚本语言,定制或扩充 CGF 以满足用户的特定需要。

数据管理层实际上是为 CGF 实体提供数据接口支持。环境数据接口提供战场环境信息。想定数据接口提供作战任务和兵力实体信息。实体参数数据接口读取实体创建、编辑、执行行为所需的参数。规则数据接口则提供 CGF 实体决策判断时需要用到的规则。

仿真服务层为 CGF 提供消息管理、通信服务、编译服务和数据存储服务。消息管理和通信服务模拟真实战场中实体的组织结构和通信行为。编译服务实现模型、计划脚本的解释执行。数据存储服务提供 CGF 实体运行过程中数据的存储管理。

2.3.3　基于 OODA 过程的体系结构

所谓 OODA,指的是 Observe、Orient、Decide、Act 这四个英文单词首字母的缩写,这四个词的中文含义分别是观察、判断、决策和行动。基于 OODA 过程的 CGF 体系结构反映了人类认知外部世界的过程。

1. OODA 过程的基本概念

人对自然界、外部世界的认识过程可以描述为观察、判断、决策和行动的过程,如图 2-3 所示。这一过程不断循环,构成人类认识自然、改造自然的基本过程。

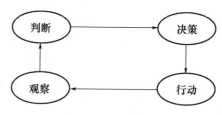

图 2-3　OODA 过程示意

构建 CGF 的目的是希望它能充分地模拟人在各种环境下的行为。CGF 的决策过程也是一个 OODA 过程。有关 OODA 的含义如下:

1）观察

作战中,观察的目的是为了获得战场上敌我双方的信息。实际上,可以将观察理解为人的"感觉"行为,它能够剔除所有与本作战实体无关的信息,包括那些作战实体能力范围之外的信息以及与当前作战实体、作战目标无关的信息等。

t 时刻 CGF 实体的"观察"过程如下:

$$BS\big|_t \xrightarrow{\text{物理观察}} SI_{obtained}\big|_t \xrightarrow{\text{决策观察}} SI_{related}\big|_t t$$

其中:BS 表示整个战场态势;$SI_{obtained}$ 表示 CGF 实体通过各种方式进行"物理观察"得到的战场态势信息;$SI_{related}$ 表示 CGF 实体通过各种方式进行"决策观察"后得到的战场态势信息;t 表示观察时刻。

由此可见,在 CGF 实体决策行为建模中,观察过程建模的重点是对已获得态势信息的管理。包括态势信息的过滤、组织、分类和更新。与观察这一行为相关的建模内容,主要包括建立雷达模型、声纳模型、红外模型、电子信号监听模型等。

2）判断

判断则是在观察的基础上,对态势进行分析、理解和预测,以及在此基础上进行评估。它是观察结果的进一步认识。判断的结果是决策的依据。

t 时刻 CGF 实体的"判断"过程如下:

$$SI_{related}\big|_t \xrightarrow{\text{判断}} D_{contraint}\big|_t$$

其中:$D_{contraint}$ 表示判断的约束变量。

判断这一行为实质上是在态势信息、作战目标及当前任务约束下,对态势进行认知的过程。对态势的判断将最终影响决策结果。CGF 决策的质量高低依赖判断行为是否合理。

3）决策

仿真过程中,CGF 在判断的基础上做出决策。实际上,CGF 实体在作战仿真过程中所采取的行动及行动的触发条件是根据规则来确定的,也就是说 CGF 实体的决策过程实际上是将当前态势与规则库中作战行为的触发条件进行匹配的过程。

t 时刻 CGF 实体的"决策"过程如下:

$$D_{constraint}\big|_t \xrightarrow{\text{决策}} A_{condition}$$

其中:$A_{condition} = <condition, Action>$ 为满足约束条件的行动。

由此可见,CGF 实体决策行为中的"决策"建模的主要工作是:对态势信息进行规范化描述,建立态势与行动之间的因果关系,即构建行动规则,根据判断的结果匹配行动规则,从而确定所要采取的行动。

4)行动

在战场上,CGF 实体的行动主要包括机动、火力、通信等。

2. OODA 过程的主要特征

OODA 过程表现了人类对外部世界的认知过程,在作战过程中,不同层次的作战行动,以 OODA 过程为纽带构成一个闭合的回路,如图 2-4 所示。每一个圆圈表示的是一个 OODA 过程。

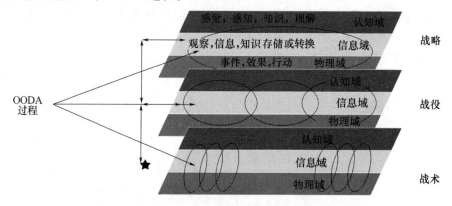

图 2-4 作战过程中的 OODA 过程

在图 2-4 中,一个战略行动构成一个大的 OODA 过程;战略行动可能包括多个同时进行的战役行动,每一个战役行动又是一个 OODA 过程,多个战役层次的 OODA 过程交互构成了战略行动的 OODA;一个战役行动又包含多个战术行为,每一个战术行为本身也是一个 OODA 过程,多个战术层次的 OODA 交互构成了一个战役层次的 OODA 过程,任何一个层次的 OODA 过程,都包含认知域、信息域和物理域三个层次。

为了设计 CGF 体系结构,需要分析和提炼 OODA 过程的特征。OODA 过程的特征包括以下几方面:

(1) OODA 过程的关联发生在信息域。

(2) OODA 过程出现的层次越低,其空间范围越小,执行一个循环所需的时间越短。

(3) 无论是哪个层次的作战,冲突的核心都是缩短己方 OODA 过程所需的时间,尽量延长对方 OODA 过程所需的时间。

如图 2-4 所示体系结构的多个 CGF 采用通信方式实现信息、感知、知识和理解的共享。从而使作战仿真中的协同和同步成为可能。

3. OODA 过程在 CGF 体系结构中的应用

基于 OODA 过程的 CGF 体系结构如图 2 – 5 所示。

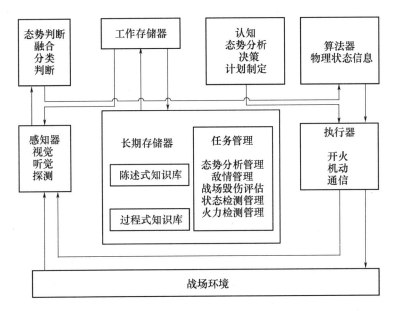

图 2 – 5 基于 OODA 过程的 CGF 体系框架

图 2 – 5 所描述 CGF 一般行为过程是:感知器模块从外界环境获取信息,通过态势判断模块对信息进行内部处理,认知模块通过信息处理的结果进行决策,最后通过执行器模块又对环境产生输出行为。即 OODA 过程,和前面所描述的OODA 过程相一致。

具体到水面舰艇来说,水面舰艇内部的作战指挥一般按集中指挥、分散控制、三级管理体制进行:舰长负责全舰的指挥;分队长根据舰长命令,对指示的目标进行射击指挥;操作手负责具体操作。因此,单个水面舰艇 CGF 实体的体系结构可以按照图 2 – 6 所示的某一水面舰艇(如水面舰艇 1,2,…,n)的 OODA 结构加以描述。

水面舰艇作战通常以编队形式出现。所以,在进行体系结构设计时,还需考虑水面舰艇之间的指挥控制。在编队作战情况下,编队体系结构是一个如前面图 2 – 4 所描述的多层次 OODA 过程。在这一多层次 OODA 过程中,既有高层次的 OODA 过程:旗舰和其他舰艇之间的 OODA 过程,也有低层次的 OODA 过程——单个水面舰艇的 OODA 过程。如图 2 – 6 所示,假设水面舰艇 1 为旗舰,

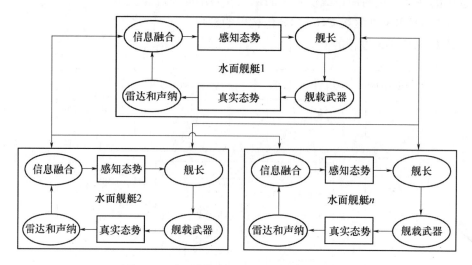

图 2-6　水面舰艇编队的多层次 OODA 过程

水面舰艇 2 和其他的水面舰艇为编队成员,则编队的多层次 OODA 结构中,编队中各个水面舰艇将其探测结果进行处理后上报到旗舰,作为编队层次 OODA 过程的输入,旗舰通过信息处理和决策,得到编队的行动方案,由编队中各个成员执行。由此构成编队层次上一个完整的 OODA 过程。

2.3.4　基于信念愿望意图的体系结构

使用诸如信念、愿望等思维状态或意识属性来解释人类的行为一直是心理学界所采用的方法。心理学认为,人类的思维状态属性有以下几个方面:

(1) 认知,如信念意识等。

(2) 情感,如目标、愿望和偏好等。

(3) 意动,如意图、承诺和规划等。

相应地,当前的 Agent 模型研究侧重于形式描述信念(Belief)、愿望(Desire)和意图(Intention),简称 BDI。许多学者将 Agent 视为具有意图的智能系统,建立基于心智状态(Mental State)的 Agent 模型。

基于 BDI 的 CGF 体系结构如图 2-7 所示,CGF 实体的内部结构可以看成是由内在状态和内在行为两部分组成。内在状态包括信念、愿望、意图以及支持状态更新和行为发生的知识;内在行为包括感知行为、决策行为、学习行为和推理行为等。

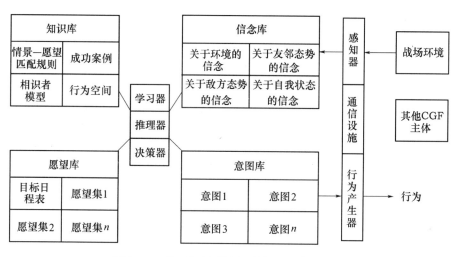

图 2 - 7   基于信念愿望意图的 CGF 体系结构

在图 2 - 7 中,知识库存储求解问题所必需的各种知识,如作战条令、作战条例等。知识库的质量和完备程度决定着 CGF 实体的智能程度。其中,态势评估知识用于对 CGF 实体感知的信息进行解释、分类,形成 CGF 实体的信念;情景—愿望匹配规则用于对感知的结果(信念)进行推理,形成实体主体的愿望;决策空间包括从愿望中形成意图的各种知识;成功案例可以加快 CGF 实体的推理过程,即如果当前的态势是 CGF 实体曾经成功经历过的,则直接从成功案例中提取案例,而不必重复推理;行为空间知识包括将高层目标如何分解为一系列元行为等知识,以及各种元行为的实现算法、调用条件等。另外,外部环境、相识者模型等事实信息也作为知识存储在知识库中,其中相识者是指系统中与己方相关的实体,一般是本方的上下级和友邻,本方的当面之敌。相识者模型决定了 CGF 实体感知的范围和交互的对象及方式。

信念库存储的是 CGF 实体对外部环境和其他 CGF 实体的认识和判断信息。主要包括对战场环境各项属性的信念、对敌方态势属性的信念、对友邻状态属性的信念和对自我状态的信念。由于信念被定义为对已有证据的积累,因而信念库中每一项属性的当前信念值是由前一时刻的信念值和当前时刻的感知值(或与其他 CGF 实体交互而获得的结果)共同决定的。

愿望可以看成任务的集合或主体达到期望目标的可能路径集。愿望库存储着 CGF 实体达到期望目标的可能路径集。这些可能路径集是 CGF 实体根据信念库中的当前信念值,运用知识库中的情景—愿望匹配规则推理而产生的。例如,CGF 实体通过感知得出关于某目标的信念是:该目标是一个对自己有现实威胁的敌方装甲车辆,这时 CGF 实体的目标是消除该威胁,这时通过情景—愿望匹配规则得出有四种可能的行动方案(或路径):攻击该装甲车辆;远离该装甲车辆;请求友邻部队消灭该装甲车辆;就地隐蔽。因而 CGF 实体关于该目标的愿望集即为上述四种方案的集合。

愿望集中对同一目标的各个愿望是并列的,最终 CGF 实体只会执行其中一个。由于愿望是基于局部信息得出的,因而,在特定的态势下,有的愿望很容易实现,有的愿望需要很大的代价才能实现;有的愿望可能有机会实现,有的愿望可能永远不能实现。CGF 实体最终要通过决策行为从愿望集中选择一个最优的愿望作为意图,并通过执行该意图来实现目标。

意图库存储 CGF 实体为实现期望目标而承诺执行的行为计划。由于感知是每时每刻地进行着,因而不断形成目标和实现该目标的意图。这些意图按目标形成的先后顺序或优先级存储在意图库中。意图库通过承诺,保证可实现的意图最终得到成功的执行,放弃因外界环境的变化而不能继续执行的意图。

愿望和意图都是关于一个主体希望发生的事件的状态,它们的区别在于:愿望是达成目标的可能路径,而意图是可能路径中的最优路径,意图将引导和控制主体未来的活动。对同一目标而言,愿望与意图的关系类似于决策分析中备选方案与最优方案的关系。

意图可看作为部分行为计划,这些计划是主体为了达成其目标而承诺执行的计划。意图将导致行为的产生,可以认为意图是主体行为的控制器。概括起来,意图的主要作用包括:

(1)意图持续地控制着 CGF 实体的行为。

(2)意图约束 CGF 实体后面的目标选择。

(3)意图驱动 CGF 实体后面的情景—愿望匹配推理。

(4)意图影响 CGF 实体后面推理所依赖的信念。

除了上述知识、信念、愿望、意图四种状态外,CGF 实体的体系结构还包括感知、推理、决策和学习等内在行为。

感知行为:通过感知器探测 CGF 实体感兴趣的外部环境的相关信息,并根据主体自身的观察和判断能力形成信念,并更新信念库。

推理行为:当信念库发生变化后,触发知识库中的情景—愿望匹配规则,找出应对当前态势的最新行动(任务)方案集,并存入愿望库中。

决策行为:根据 CGF 实体的目标和当前的态势,按某种最优化准则选择最优的行动方案作为意图存入意图库中,并通过承诺保证可实现的意图最终得到成功的执行,同时放弃因外界环境变化而不能继续执行的意图。

学习行为:CGF 实体在执行任务过程中自主适应环境的活动。

通过以上分析,可以得出基于信念愿望意图的 CGF 体系结构具有以下几个特点:

(1)通过信念、愿望和意图,显性的表示了 CGF 实体的内部结构,有助于解释、控制 CGF 实体的行为输出。

(2)显性的描述了 CGF 实体内部的思维活动(感知、决策、学习和推理),从而有助于描述和解释基于 Agent 系统的复杂行为。

(3)在 CGF 实体内部状态、主体内部行为和主体的外在行为之间建立了概念性的联系,有助于下一步对 CGF 实体行为产生机理作进一步分析。

第 **3** 章

计算机生成兵力的人类行为

3.1 引　言

在研究"行为"这一术语时,不同的文献所给出的解释是不一样的。

《辞海》(1995版)认为:"行为是完整有机体的外显活动,它的基本特征是运动,是由刺激引起的"。

《行为科学百科全书》给出的解释是:"行为通常指人们日常生活中所表现出来的一系列动作"、"它也包括人的动机、意志和情感在行为上的表示"。"行为的基本单元是动作,日常生活中所表现的一切动作统称为行为。人的行为是受动机支配的,行为可分为三类:①目标行为;②目标导向行为;③间接行为"。也就是说,对行为主义者来说,有资格称为行为的活动必须是直接可观察到的或可测量到的,即人类行为定义中提到的外显行为。对于心理学者来说,信念、思想、想象等内部思维活动都可称为行为,即行为包括外显行为和内隐行为。

人类行为是指具有认知、思维、情感、意志等心理活动的人类个体对内外环境因素做出的能动反应,这种反应可能是外显的(如语言、表情、动作),能被外界直接观察得到;也可能是内隐的(包括思想、意念、态度),不能被外界直接观察,而需要通过测量及观察外显行为来间接了解,主要包括:感觉、知觉、注意、记忆、思维、情绪和意志等隐蔽的心理活动。

换言之,人类行为既包括外显行为,也包括内隐行为。这两种行为的区别主要有:前者具有可见性,后者具有隐蔽性;前者可以被模仿,后者模仿起来具有相当的难度;前者能够量化,后者不易量化。相比而言,由于内隐行为是人的"内在的我"的活动空间,他人无法直接观察,所以更具有多样性,复杂性。但这并不代表着内隐行为与外显行为存在无法逾越的鸿沟。恰恰相反,它们在一定条件下,是可以互相转化的。

外显行为属于物理行为:是指实体之间作用于外部环境,并改变环境状态的外部行为表现。物理行为是实现实体之间以及实体和综合自然环境之间交互的执行器,也是实体为实现其特定目标而作用于环境的手段。如武器系统射击、实体移动、防护与伪装、工事构筑和障碍设置等。

内隐行为属于认知行为:是指实体从感知外部环境到推理判断,再到决策的大脑内部思维活动的行为过程。如态势评估、规划、决策等。

3.2　人类行为建模定义

人类行为建模是通过纷繁的表象去揭示人类行为产生、发展的一般规律及其影响因素。利用程序化语言和模型的运行代替人的外显行为和内隐行为,以完成在无法通过人体去直接实现行为的环境中的任务。

人类行为建模是对人的外在表现或心理、生理状态的描述。也就是说,人类行为建模不仅描述人的外显行为,还描述人的内隐行为。

在作战仿真领域,人类行为建模描述作战指挥人员、战斗人员在战场环境中的心理、生理、动作或表现及其对作战能力的影响。

一个典型的人类行为过程如图3-1所示。

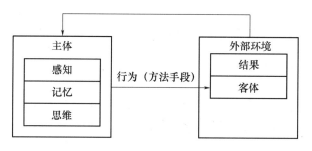

图3-1　人类行为过程

从图3-1中可以看出,人类行为过程的要素包括主体、客体、外部环境、行为(方法手段)和结果。主体行为即人类行为包括感知、记忆、思维和所采用的方法手段。记忆包括瞬时记忆和长期记忆,思维包括学习、规划和决策等内容。

在人类作为主体的行为中,感知、记忆和思维属于内隐行为,方法手段所表现出的行为属于外显行为。这两类行为相结合,构成了完整的人类行为描述。

人类行为建模是对人类行为过程的抽象化、概念化描述,如图3-2所示。人类对事物的记忆或经验知识物化为存储器,也就是说,首先通过视觉、听觉感觉等方式感知外部环境,得到感知信息后,放入工作存储器,调用长期存储器中的知识或经验对感知信息进行处理(学习、决策、规划、协调合作),即认知,基于认知结果决定行为。由此可见,感知和认知是人类的"内在行为",与外部环境相互作用的行为是能观察到的人的外部表现。

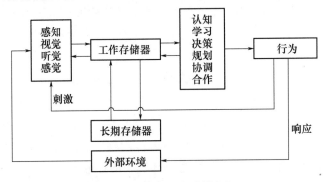

图3-2　人类行为建模框架

3.3　人类行为建模内容

CGF实体如何感知和把握态势,如何进行规划、决策、并通过对战斗过程中发生事件的记忆、通过基于知识或经验的学习、增强协调能力和协作能力,这几个方面是CGF建模与仿真所关注的重点,以下对这几个方面简要地进行探讨。

3.3.1　态势感知

态势感知是指在一定的时间和空间内对战场环境的各要素进行感知和理解并对下一时刻的战场环境状态进行预测。战场态势感知是对战场信息的收集和分析过程,包括知觉、理解和预测三个层次。战场态势感知的信息用于仿真实体的决策。

3.3.2　决策

决策是指从一组行动中选择其一。CGF实体使用的决策方法非常广泛,从简单的决策表推理到复杂的对策论。采取何种方法主要取决于两个因素:决策时间和实体的聚合程度。

3.3.3 规划

规划是指为了完成某一任务,利用现有信息,制定一系列行动方案的过程。CGF 实体规划主要是指作战任务规划。规划对于任务的顺利完成起决定性作用。

3.3.4 记忆与学习

记忆是知识存储的方式。在行为建模中,一般将记忆分为三类:情景记忆(与一定的时间、空间相关事件的记忆)、一般记忆(具有一定规则和规律知识的记忆)和内隐记忆(忘记了曾经学习过的技术或技能,但能无意识的利用这些技术或技能);也可以按记忆时间长短分为短期或工作记忆、长期或可检索记忆。学习是指主体通过与环境的交互来获取新知识的过程。学习能力是创建逼真行为模型的必要条件。

3.3.5 协同

当多个 CGF 实体的行为可能发生冲突时,需要采取一定的措施协调这些CGF 的行为,当多个 CGF 实体的行为可能导致效果、结果上的重复,需要对这些CGF 的行为进行管理,使其行动更符合实际情况。在有 CGF 实体的作战仿真系统中,协调多个 CGF 实体的行为,使多个 CGF 实体进行协作完成某一项任务是必需的。人类在其社会活动中已开发了多种类型的协调机制,可以为 CGF 实体的协同所借鉴。这些方法大致归纳如下:

(1)组织结构化(Organizational Structuring)。

(2)合同(Contracting)。

(3)多主体规划(Multi – agent Planning)。

(4)协商(Negotiation)。

这些方法往往综合应用,紧密结合,以期取得更好的协调效果。

很多情况下实现协调与协作是很困难的,这在复杂、动态、环境状态不可预测以及资源受限的情况下尤为突出。计算机生成兵力所处的分布式战场环境恰好就是这样的情况。即环境的动态性和每个主体对环境观察的不完全性所引起的不确定性是协调与协作困难的主要根源。为克服该问题,给每个主体建立关于协调协作问题求解的清晰模型是必要的。模型不仅要描述合作过程按规划正常进展时主体的行为,也必须说明意外事件发生时应如何处理。

研究者提出了多种模型,其中,Jennings 提出的基于联合意向(Joint Intention)的联合负责(Joint Responsibility)模型为此提供了一种有效的表示手段,可显著地促进合作的协调。这种模型在计算机生成兵力的行为建模中也有较成功的应用。其他还有合同网、协作规划、部分全局规划、基于约束传播的规划、基于生态学的协作、基于对策论的协商等方法。

3.4　人类行为描述方法

如何有效地描述虚拟环境中 CGF 实体的行为并且形式化地表示出来,是 CGF 实体行为生成和实现的基础,也是 CGF 研究的难点之一。CGF 实体的行为描述是指在行为模型的基础上,以一种类似自然语言的形式对特定 CGF 实体的行为进行描述,提供给 CGF 开发人员使用,作为 CGF 实体行为动作收集的手段,并且能便于编码,在计算机上进行处理以利于行为的自动生成。

研究行为描述的核心是行为描述语言的开发,目前已提出多种行为描述语言,例如基于结构化文本的行为规范语言、基于 FSM 的行为描述、基于离散 Petri 网的动作图形、基于控制论的行为建模语言等,这些描述语言各有所长,但是还没有一种既有强大的表示能力和严格的理论基础,又能达到供开发人员乃至军事领域专家方便使用的程度。

目前,CGF 研究领域主要的行为描述方法有以下几种。

3.4.1　结构化文本

基于结构化文本的行为描述包括行为规范语言(Behavior Specification Language,BSL)、结构化英语语言(Structured English for Behavior Specification,SEBS)等。此类方法本质上来源于机器人控制语言,它建立在一组有限的英语子集上,以结构化文本的形式,限制行为描述的术语和语言。例如:If(Entity1 is NOT Damaged),(Entity1 is NOT Mobile)and(Entity1 is With_in_Range)Then(Fire_At Entity1)。

采用结构化文本描述 CGF 实体行为的优点是描述方式比较自然,便于开发人员和领域专家使用,但是缺乏严格的理论基础,同时难以表示实体之间的各种关系,如并发行为、顺序行为等。

3.4.2　离散 Petri 网

20 世纪 80 年代中后期,美国佛罗里达大学的研究人员将动画、扩展报表(Free_form_spreadsheet)和面向对象的思想相结合,开发了一个编程环境,由该环境生成动作图形(Action Graphics),它描述的行为是由一些行为模式组成的连续行为的片段,这些行为模式由离散的转移分开。作为离散的控制机制,在选择了相应仿真时间的行为模式后,行为将形式化为离散控制网的陈述性规范。这个方法的理论基础是离散 Petri 网。利用离散 Petri 网进行 CGF 实体行为描述的优点是易于描述并发行为,但是该方法过于抽象,只能被专业工程技术人员所掌握,从而限制了它的应用范围。

3.4.3　有限状态机

这是一种早期的、比较成熟的行为描述方法,基本思想是对 CGF 的行为采用 FSM 结构进行编码,每个行为实际上是一个 FSM 结构的函数模块。FSM 较适于对低级物理行为的描述与建模,如运动、发射武器等行为,但对高级智能行为或含有并行行为的复杂行为建模比较困难。

3.4.4　控制论

控制论认为:行为是实体对象随时间推移而产生的自身状态的变化,它是实体对象内在规律和属性在外部干扰下的表现。当受到外部环境的作用时,实体对象根据自身的状态、特性和外部干扰的属性特征,做出适应的反应。外部干扰不是对象行为的直接驱动力,而只是导致对象行为状态发生改变的因素之一,对象行为状态的改变完全取决于对象本身。实体对象对外部刺激的反应不是行为的全部,而只是行为的一部分。

基于控制论的 CGF 行为模型基本原理如图 3 – 3 所示。

图 3 – 3 中,感受器(Sensor)、控制器(Controller)和效应器(Performer)是三个相对独立而又密切相关的行为构件,共同构成一个完整的输入输出系统。其中,感受器主动从 CGF 实体对象内部和外部收集涉及该 CGF 实体的所有事件,并将相关事件过滤出来,传递给控制器。控制器的主要功能是:对感受器传来的事件进行处理并测试某些相应条件,在此基础上,实行对 CGF 实体行为的控制,为 CGF 实体指定新的行为。它是 CGF 实体行为的控制中心,使 CGF 实体表现出行为的智能性、自主性和对外部环境的适应性。控制器指定行为后,由效应器

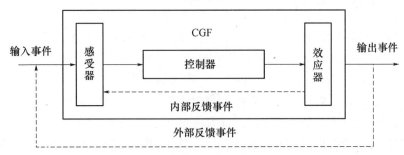

图 3 - 3　基于控制论的 CGF 行为模型

负责按新的行为执行,使 CGF 实体表现出对虚拟环境产生效应的特定行为。效应器能够发送事件给其他对象,实现该 CGF 实体的影响。控制器没有指定新的行为之前,效应器按原来的行为继续执行。内部反馈事件由效应器直接发送到感受器,利用这种反馈,控制器能够对效应器的执行过程进行监督和调整,实现对 CGF 实体行为的控制。

3.4.5　动作行为描述原语

北京航空航天大学计算机系的研究人员提出了一种称为动作行为描述原语(Action Behavior Description Language,ABDL)的行为描述语言,原语中含有若干与线性时态算子——对应的关键字,具有结构化英语文本的形式,它使得开发人员能方便地创建和修改实体的行为,并且易于编码实现。

CGF 实体是具有自治性的智能化仿真武器平台,其行为由反映武器平台本身性能的物理行为和反映操作员信息处理的智能行为组成。因此,为了能够同时描述物理行为和智能行为,并且体现其目的性、实时性、交互性、有序性、并发行等特性,ABDL 原语要达到以下几个目的:

(1) 能同时描述物理行为和智能行为,并且将二者联系起来。

(2) 能在不同的聚合级别上进行行为的描述。

(3) 能够"自然"、方便地定义、修改实体的行为。

(4) 有较高的效率,能同时为多个实体产生大量行为。

(5) 有较好的组合性,能将基本动作组合成为较复杂的行为。

(6) 行为模块能较好地支持重用。

1. 语法

根据 CGF 实体行为描述语言的开发目标,ABDL 原语的开发思路为:在基于动作和线性时态逻辑行为表示方法的基础上,开发一种结构化文本形式的行为描述原语。原语由若干关键字及控制结构组成,一部分关键字可解释为线性时态逻辑的时态算子,在原语中作为语言命令。同时,开发动作库,动作库由若干动作模板组成,每个动作模板的代码部分实际上是一些基本的 C 语言函数,开发动作模板的目的是使实现 CGF 实体行为的代码可以重用。当使用 ABDL 原语定义了特定 CGF 实体的行为后,以文本文件的形式存储(∗.bdl),然后语言翻译器对该文件进行处理,结合动作库,生成 C++源代码。其中每个动作成为相应实体的私有成员函数,同时动作包装为线程,借用 Windows 操作系统的多任务调度机制以支持动作之间的并行。最后,这些生成的源代码联入 CGF 框架中集成,经编译形成可执行的代码。

基于线性时态逻辑的动作行为表示方法中的算子与 ABDL 原语中大部分关键字一一对应,由于基于线性时态逻辑的动作行为表示方法可以完整地表示 CGF 实体战场的行为,因而对 ABDL 原语有很好的支持,是 ABDL 原语的理论基础。ABDL 原语中与基于线性时态逻辑的行为表示方法中时态算子相对应的关键字及其意义见表 3-1。

表 3-1　ABDL 原语关键字及意义

关键字名字	意　　义	对应算子
START	开始一个或一组并行的动作	□
END	与 START 对应,代表动作或动作序列的结束	
AND	动作之间的联结词,表示动作的并行关系	∧
OR	动作之间的联结词,表示动作之间的选择关系	∨
CANCEL	取消当前动作	¬
REMEMBER	将当前动作挂起	!
AWAKEN	重新执行动作	○
AFTER	动作之间的联结词,表示动作之间的顺序关系	▷
IF	判断表达式是否为真	
WAIT	显式地表示一个动作挂起的时间	
NOW	无条件执行一个动作	?
CREATE	在实体符号表中注册变量	
DESTROY	在实体符号表中删除变量	

另外,ABDL 为每个实体提供一个实体符号表,存放代码生成过程中所用到的变量,同时作为各动作线程的公用变量区。相应地,ABDL 提供了两个实体符

号表操作的关键字 CREATE 和 DESTROY,代表在实体符号表中设置和删除变量。

原语的语法用 BNF 范式描述如下:

< START > :: = START < ACTIONTEMPLATE > |{ AND < ACTIONTEMPLATE > }

< END > :: = END

< AND > :: = AND < ACTIONTEMPLATE >

< OR > :: = OR < ACTIONTEMPLATE >

< AFTER > :: = AFTER < ACTIONTEMPLATE >

< CANCEL > :: = CANCEL < ACTIONTEMPLATE >

< REMEMBER > :: = REMEMBER < ACTIONTEMPLATE >

< AWAKEN > :: = AWAKEN < ACTIONTEMPLATE >

< IF > :: = IF < EXPR > { START < ACTIONTEMPLATE > }

|< EVENTPROCESS > { START < ACTIONTEMPLATE > }

< WAIT > :: = WATI < EXPR >

< NOW > :: = NOW < ACTIONTEMPLATE >

< CREATE > :: = CREATE < EXPR >

< DESTROY > :: = DESTROY < EXPR >

动作模板 ACTIONTEMPLEATE 定义如下:

< ACTIONTEMAPLATE > :: = ACTIONTEAMPLATE < ActionTemplate Name >

{ INPUT < Input Parameters > ;

OUTPUT < Output Parameters > ;

TIMELIMIT < Time_limit > }

其中,Action Template Name 是动作模板的名字;Input Parameters、Output Parameters 对动作的输入、输出变量进行说明;可选的参数 Time_limit 是该动作显示的执行时间限制。

IF 语句中 EXPR 是一般意义上的数学表达式,表达式可由数字或变量组成,变量来自动作模板所指定的参数,EVENTPROCESS 是各种事件的声明及处理,可用 BNF 范式进一步描述如下:

< EVETNPROCESS > :: = < EVENTNAME > :[{ EVENTCLACULATION }]

其中,EVENTNAME 是事件名字,EVENTCALCULATION 是对事件的处理过程,由一些判断表达式构成。

2. 翻译

在生成 ABDL 原语的行为描述源文件(*. bdl)之后,由原语翻译器对文件进行处理,结合动作模板库,生成C + +源代码文件提交给用户,作为 CGF 开发框架的一部分,经修改后编译使用。

ABDL 原语翻译器类似于程序设计语言的编译器,但最终生成的不是可执行代码而是源程序,翻译器由以下几部分组成:

(1)预处理程序。原语翻译器在读入 ∗.bdl 源文件后,首先调用预处理程序对文件进行预处理:剔除无用的空格、跳格、界符等,检查所有字符的合法性。预处理程序使提供给词法分析程序的字符串规范化。

(2)词法分析程序。采用完全分析的思想,即对所有字符串中的全部字符分析完毕后才结束,中间遇到错误并不结束分析,只将返回的单词代码设为失败标志。词法分析程序中对关键字处理时所用到的数据结构如下:

```
struct Reserved Word
{
char *point; //存放关键字
int code; //关键字代码
}
```

这样,一查到关键字就可返回其代码。

(3)语法分析程序。语法分析程序对一个具有 ABDL 语法规则的句子进行分析,按预先定义的语法产生式识别输入符号串是否为一个合法句子。ABDL 语法为上下文无关语法,语法分析程序在词法分析程序的基础上进行分析,产生合法的语法单位。

(4)代码生成器。代码生成器根据语法分析器输出的语法单位,生成 C++源代码文件。这个过程中一个重要的内容是将合法的动作模板名字映射到动作库,在匹配的动作模板中填入有关变量,提取动作模板库的代码部分,最终生成 C++源代码。代码生成器将每个动作包装为一个线程,并赋予默认的优先级,借用 Windows 操作系统的多任务调度机制,实现动作的并行化。

动作模板库的结构见表 3 – 2。

表 3 – 2　动作模板库的结构

动作模板编码	动作模板名	动作输入形参	动作输出形参	动作实现代码	默认优先级
…	…	…	…	…	…

每个动作的实现及规则都封装在动作的实现代码部分。图 3 – 4 是 ABDL 原语翻译器的处理流程。

3. 执行

行为的执行可以有多种机制。其中一种方法是状态转移机制。对以有限状

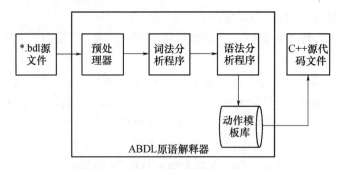

图 3 - 4　ABDL 原语翻译器的处理流程

态机(FSM)为基础进行建模的行为,每一类行为作为一个单一的状态建立在有限状态机上,由具有有限状态机结构的代码实现,行为的执行则是依靠状态转移的方式进行的。例如,当 CGF 实体进行战场目标探测时处于"搜索"状态,由于目标的出现可以转到"攻击"状态上,这种方法使得行为之间的联系比较紧密,但是每增加一个状态,就必须附加从已有状态向该状态的转移过程,无论这种附加是显式的或潜在的,这就使得行为的扩充比较困难,尤其是当行为本身含有并发性的动作时更是如此。另一种方法是以任务调度的机制执行实体的行为。例如 ABDL 以动作表示实体的行为,将每一种行为作为多任务系统的一个任务,这样,行为执行的过程转化为行为动作的调度过程,可以方便地实现含有并行关系的复杂行为,而且,行为动作的调度可直接借用多任务操作系统的任务调度机制实现。

　　组成行为的各种动作是由代码实现的。在动作模板库中,每个动作模板包含了动作实现的代码部分,这些代码实际上是一个 C 语言函数。因此,动作的执行就是 C 语言函数的执行,执行的结果引起实体内部状态与外界环境的改变。

第 **4** 章

计算机生成兵力的态势感知

4.1 引 言

前面提到,人类行为包括内隐行为和外显行为两类,其中,内隐行为中感觉和知觉是人类认识世界的最基本的活动。

感知是感觉和认知的统称。人的感知行为首先由感觉、知觉开始,以人对事物的认知作为行动的基础。感知行为是人的外显行为活动的基础。

感觉就是当前作用于感觉器官的事物的个别属性在人的头脑中的反映。知觉就是当前作用于感觉器官的事物的各种属性、各个部分的整体在人的头脑中的反映。即感觉专指人对外物现象个别属性的认识,知觉是指人对外物现象的整体认识。

感觉是人类认识世界的第一步,通过感觉,个体从内外环境中获取信息,通过知觉,个体根据自己的知识经验对于从环境中输入的信息加以整合和识别,使杂乱无章的刺激具有了意义。知觉与感觉一样,是事物直接作用于感觉器官而产生的,离开了事物对感官的直接作用,既没有感觉,也没有知觉。同时,知觉以感觉为基础,但它不是个别感觉信息的简单总和,而是对感觉信息的整合和解释。在现实中,个体把通过感觉所得到的有关事物的各个属性整合起来并加以理解。感知行为模型分为两类:描述性(Descriptive)模型和可计算(Prescriptive or Computational)模型。目前,多数感知模型都是描述性模型。在这些描述性模型中,以 Endsley 在 1995 年提出的动态决策环境感知模型为典型。它将感知分为三个层次：

（1）观察环境中的要素，识别关键要素，并定义环境当前态势。

（2）理解当前态势，结合第一步的观察结果形成综合态势。

（3）预测综合态势走向。

描述性的感知模型以比较直观的方式解释感知行为的产生机理，在感知行为研究的最初阶段发挥了很大作用，但是它不支持感知过程的定量化建模，也就不能实现仿真的自动化，因而无法嵌入到仿真系统中替代人的感知行为。

可计算模型有两种实现方法：一种方法是建立产生式规则系统，将感知模型抽象为一个产生式规则系统，运用规则观察、理解当前态势，如：IF 事件（集）E 发生，THEN 态势是 S。另一种方法是采用故障诊断的思路来观察环境：一个假定的态势 S 将产生一个期望的事件（集）E^*，然后与观察到的事件（集）E 比较，如 E^* 和 E 完全匹配，则当前态势是 S，如不匹配则将观察到的事件与下一个态势及所包含的期望事件（集）进行匹配。

4.2 感知行为建模框架

感知行为是通过主体的观察和分析从接收到的信息中获取行动依据的活动。感知行为包括三个步骤：观察、分析和形成预测。观察的内容包括自身的状态信息（位置、速度、方向、姿态、武器状态等）、战场环境信息（地形、天气等）以及敌我双方的相关信息等。通过观察形成的态势信息作为暂态记忆存储在工作存储器中，传感器不断地监视着战场上的变化情况，后面观察到的信息可能对前面形成的预测结果进行更新，或形成新的态势预测结果；当多个传感器同时观察同一目标时，不同传感器观察到的目标信息将相互印证、对已形成的预测结果进行优化处理。因此，感知行为模型必须具备形成预测结果或更新预测结果的能力。

如上所述，CGF 实体的感知行为是从观察信息中获取预测结果的活动过程。该过程如图 4－1 所示。

CGF 实体的感知行为过程包括三个步骤：通过对外部刺激的自身观察得到目标属性的直接结果；依据经验知识，通过分析自身观察结果不同目标或属性之间的联系得到间接观察结论；接受其他实体发送过来的观察结果，合并结论进行分析形成预测结果。

在 CGF 实体的感知过程中所需要的知识存储在知识库中，如战场地理信息、装备使用手册、作战条例条令等静态的事实和规则；用于分析、综合获取的信

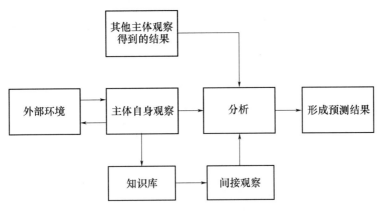

图 4 − 1　感知行为实现过程

息;感知的结果存储在感知信息库中,诸如敌方兵力的位置、企图等动态战场态势信息。由于真实的 CGF 实体观察和分析能力的限制,在一定条件下观察到的信息不一定都是准确的,例如不可能通过肉眼准确观测 1km 以外物体的移动速度。这说明在信念形成过程中出现偏差是不可避免的。

感知行为可以形式化地描述如下:

设 $\theta(t)$ 表示 t 时刻外部环境的真实状态,Δ 表示 CGF 实体的知识库,$B(t)$ 表示 t 时刻 CGF 实体关于环境的信念,$\phi(t)$ 表示 t 时刻所有观察值的集合,它是一个二元组:< 观察的内容 F,观察可信度 m > ,F 用断言式表示,m 为 0 和 1 之间的一个数值。观察值除了与外部环境状况 $\theta(t)$ 有关,还与观察所用的设备 δ 有关。很显然,通过测速仪测得移动目标的速度值肯定比目测来得准。这样,只要选择一个合适的函数 m,就可计算出观察值集合 $\phi(t)$,如式(4 − 1)所示:

$$\phi(t) = < F,m(\theta(t),\delta) > \qquad (4 - 1)$$

式中 F 为观察的内容,如"31 号目标的所属方 = 敌军";m 表示 F 的可信度,如 $m = 0.7$,表示 31 号目标有 70% 的可能性属于敌军。

一般可直接通过观察目标确定目标对象的属性值,但不是所有的属性值都可以观测到。但由于目标各属性值之间存在着关联性,这时根据知识库中有关对象属性之间的关联性知识,通过可观察的属性值推断无法观察到的属性值。例如当要确定敌方通信接收机的工作类型时,可通过截获敌方通信发射机发出的电磁信号,分析其信号特征(工作频段、调制方式、极化方式等)来间接确定敌方通信接收机的工作类型。

上述过程可形式化地表示为：假定目标 x 有 a、b 两个属性，如对属性 a 进行观测得到观测值为 p，在知识库中存在一条关联规则：$(a(x)=p)->(b(x)=q)$，这样可以通过该关联规则推导出目标 x 的属性 b 的值为 q。如式$(4-2)$所示：

$$\phi_a \cup \Delta_{a \to b} \Rightarrow \psi_{b(t)} \qquad (4-2)$$

如果在 t 时刻，CGF 实体对某属性 a 只有一个观测值，同时没有该属性之前的预测结果（这里称 CGF 实体在 $t-1$ 时刻关于该属性的预测结果为先验预测结果），那么该观察就是 t 时刻关于该属性的预测结果。即 $B(t)=\phi(t)^1$ 是通过直接观察得到的预测结果，$B(t)=\psi(t)^2$ 是通过间接观察得到的预测结果。但是，有的属性值既可通过直接观察得到，还可通过知识库中规则间接推导得出。另外如果在 t 时刻有多个传感器观测同一属性，或有多种推理规则可间接推导出该属性值，这时对同一属性可能有多个观测值（直接的或间接的）。那么 t 时刻该属性的观测值必须通过某种规则 γ 进行合并，形成 t 时刻综合的观测值，如式$(4-3)$所示：

$$\phi(t) \cup \psi(t) \Rightarrow_\gamma \Gamma(t) \qquad (4-3)$$

t 时刻的预测结果 $B(t)$ 除了考虑 t 时刻的观测 $\Gamma(t)$，还需要考虑主体的先验预测结果，并通过规则 τ 合并而成。由于预测结果产生的递归特性，所有的先验预测结果用 t 时刻以前的预测结果 $B(t-1)$ 表示。这样 t 时刻主体的预测结果如式$(4-4)$所示：

$$\Gamma(t) \cup B(t-1) \Rightarrow_\tau B(t) \qquad (4-4)$$

同时，当多个 CGF 实体参与观察，并且它们可互相通报观察值时，还需要考虑其他主体 $t-1$ 时刻的先验预测结果 $B'_i(t-1)$（i 表示各 CGF 实体的序号），如式$(4-5)$所示：

$$\Gamma(t) \cup B(t-1) \cup B'_1(t-1) \cup \cdots \cup B'_n(t-1) \Rightarrow_\tau B(t) \qquad (4-5)$$

4.3　态势感知中的观察行为分析

CGF 实体的观察活动中，可能由于自身对目标了解不够、传感器错误或环境噪声导致观察错误，错误的观察结果将进一步影响决策结果。

影响 CGF 实体观察能力的因素有很多，如烟雾、噪声、地形、气象、水文、CGF 实体的疲劳程度、观察技巧、知识水平等，这些因素都将对 CGF 实体的感知能力产生不同程度的影响。但是不可能也没必要考虑所有这些因素。不同的系统选取的因素可能不同,这里考虑并选取其中的五个因素:

(1) CGF 实体距目标的距离(简称距离)。

(2) CGF 实体观察时的外部环境(简称环境)。

(3) CGF 实体运用的侦察装备的性能(简称装备)。

(4) CGF 实体的观察技能(简称技能)。

(5) CGF 实体的知识水平(简称知识)。

上述五个因素的前两个因素相当于式(4-1)中的环境条件 $\theta(t)$,侦察装备的性能相当于式(4-1)中的 δ,最后两个因素表示 CGF 实体所具备的合并证据 γ、形成预测结果 τ 的知识和技能。

(1) 距离:设为 d,d 的取值在 0 和 1 之间。它表示目标和 CGF 实体之间的距离。$d=1$ 表示目标距 CGF 实体非常近,在天气好的情况下、不借助或借助一般设备,即可清楚地观察到目标的属性值,并称此时 CGF 实体与目标点之间的距离为 $d(1)$;$d=0$ 表示目标距离 CGF 实体非常远,借助任何设备都无法判别目标的属性值,并称此时 CGF 实体与目标点之间的距离为 $d(0)$。另外,规定当目标与 CGF 实体之间的距离 $d_a \geqslant d(0)$ 时,$d=0$;当目标与 CGF 实体之间的距离 $d_a \leqslant d(1)$ 时,$d=1$;当 $d(0) \leqslant d_a \leqslant d(1)$ 时,按式(4-6)计算:

$$d = 1 - \frac{d_a - d(1)}{d(0) - d(1)} \qquad (4-6)$$

对于同一目标的不同属性,$d(0)$ 和 $d(1)$ 的值可能不相同。例如,对于从远处行驶而来的汽车,最先观察到的是汽车的颜色,然后才能看清汽车的车牌号,即 $d_{颜色}(1) \geqslant d_{车牌}(1)$;同样对于从近处向远处行驶的汽车,远离一段距离就看不清楚汽车的车牌号,但在很远处还能看到汽车的颜色,即 $d_{颜色}(0) \geqslant d_{车牌}(0)$。对于目标每个属性的 $d(1)$ 和 $d(0)$ 值可通过实验得到。

(2) 环境:设为 C,C 的值在 0 与 1 之间。该因素包括所有影响目标可见度的外部环境,如时段(早、中、晚)、天气、烟、雾、尘埃等自然环境。当 $C=0$ 时,表明观测环境特别差,如在浓雾或漆黑的夜晚;当 $C=1$ 时,表明外部环境很好,对观测结果不会产生负面影响。中间值按式(4-6)计算(此时将 d 替换为 C)。

(3) 装备:设为 q,q 的值在 0 与 1 之间。它表示所运用的侦察装备的性能。这些装备包括激光测距仪、雷达、通信信号分析仪等侦察装备。$q=0$ 时表示 CGF 实体使用的侦察装备的性能较差;$q=1$ 时表明侦察装备的性能优良,CGF

实体利用该侦测装备能获取最好的观测效果,中间值按式(4-6)计算(此时将 d 替换为 q)。

(4)技能:设为 s,s 的值在 0 与 1 之间。它表示 CGF 实体的生理和心理特征,如视力、听力、警觉性、忠诚度、身体健康程度等所有影响其观察的生理和心理要素。当 $s=1$ 时,表示 CGF 实体有较高的观察技能,观察结果非常可信;当 $s=0$ 时,表示 CGF 实体的观察技能差,观察结果可信度较低;中间值按式(4-6)计算(此时将 d 替换为 s)。

(5)知识:设为 k,k 的值在 0 与 1 之间。它表示 CGF 实体的知识水平,即 CGF 实体具有的有关目标对象的特征、各项属性之间联系等知识。k 的值可以根据主体的工作经验和受教育程度等因素来确定。$k=1$ 表明 CGF 实体对目标非常熟悉;$k=0$ 表明 CGF 实体对目标一无所知,这时 CGF 实体无法将目标对象各属性观察值关联起来进行综合推理。中间值按式(4-6)计算(此时将 d 替换为 k)。

4.4　态势感知模型

将上述五个影响 CGF 实体态势感知能力的因素按内因和外因分类,组成如下构成态势感知能力的指标体系,如图 4-2 所示。

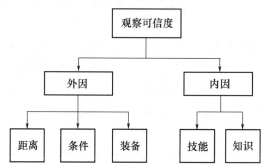

图 4-2　态势感知能力指标体系

由前面的分析可知,距离、条件、装备之间,技能与知识之间有一定的可补偿性。而外因与内因属性值之间的可补偿性很小,这里采用加权和与加权积的混合算法计算观察可信度 m。

$$m = \sqrt[n]{\prod_{j=1}^{n} \widetilde{\omega}_j \mathrm{e}_j} \ (n = 2) \qquad (4-7)$$

$$= \sqrt[n]{\prod_{j=1}^{2} \widetilde{\omega}_j e_j} \qquad (4-8)$$

其中,权重 $\widetilde{\omega}_j$ 的假设如下:

$$\widetilde{\omega}_1 + \widetilde{\omega}_2 = 2, \widetilde{\omega}_1 > 0, \widetilde{\omega}_2 > 0 \qquad (4-9)$$

外因因子的集结公式为

$$e_1 = \widetilde{\omega}_{11} e_{11} + \widetilde{\omega}_{12} e_{12} + \widetilde{\omega}_{13} e_{13} \qquad (4-10)$$

其中权重 $\widetilde{\omega}_{1j}$ 为

$$\widetilde{\omega}_{11} + \widetilde{\omega}_{12} + \widetilde{\omega}_{13} = 1, \widetilde{\omega}_{11}, \widetilde{\omega}_{12}, \widetilde{\omega}_{13} \geqslant 0 \qquad (4-11)$$

内因因子的集结公式为

$$e_2 = \widetilde{\omega}_{21} e_{21} + \widetilde{\omega}_{22} e_{22} \qquad (4-12)$$

其中权重 $\widetilde{\omega}_{2j}$ 为

$$\widetilde{\omega}_{21} + \widetilde{\omega}_{22} = 1, \widetilde{\omega}_{21}, \widetilde{\omega}_{22} \geqslant 0 \qquad (4-13)$$

通过以上分析可知,m 的物理意义是:

(1) CGF 实体正确观察目标属性值的概率。

(2) CGF 实体的观察能力。

(3) CGF 实体观察结果的可信度。

(4) CGF 实体对目标的预测(当没有其他观察时)。

通过构建并运行观察模型,CGF 实体得到了对当前目标的一个观察,但要最终形成对目标的预测结果,还需要经过如下三个步骤:

(1) 当目标存在多个可观察属性,并且各属性之间存在某种联系,这时通过其他属性的观察 $\phi(t)$ 间接推导该属性的观察 $\psi(t)$。

(2) 将直接观察 $\phi(t)$ 与间接观察 $\psi(t)$ 合并形成当前的综合观察 $\Gamma(t)$(γ 规则)。

(3) 将当前观察与先验预测合并,形成 CGF 实体对目标该属性的当前预测 $B(t)$(τ 规则)。

由直接观察推导间接观察值的过程是一个基于规则的推理过程。由于一个目标有多个属性,各属性之间存在一定程度的关联性,利用该特性实现目标属性间的相互推理,相互印证,从而提高 CGF 实体观察结果的可信度。

从本质上讲,直接观察与间接观察合并,当前观察与先验预测结果合并,都属于证据合并。这里采用基于证据理论的数值合并方法,合并算法如下:

给定 n 个独立证据 $X_1, \cdots, X_n$,则对合成证据 Z 的预测结果为

$$m_1 \oplus \cdots \oplus m_n(Z) = \sum_{X_1 \cap \cdots \cap X_n = Z} m_1(X_1) \cdots m_n(X_n) \cdot \qquad (4-14)$$

归一化有

$$m_1 \oplus \cdots \oplus m_n(Z) = \frac{1}{1-k} \sum_{X_1 \cap \cdots \cap X_n = Z} m_1(X_1) \ldots m_n(X_n) \qquad (4-15)$$

其中：

$$k = \sum_{X_1 \cap \cdots \cap X_n = \phi} m_1(X_1) \ldots m_n(X_n) \qquad (4-16)$$

值得注意的是，不是任何两个证据都可以合并，即：如果同一识别框架 Θ 上的两个信度函数的核心不相交，则这两个证据不能合并。这是因为这两个信度函数所对应的证据支持完全不同的命题（即两个完全不同的证据），这样的证据是合不到一起的。更具体的判别方法是式（4-16）中 k 值必须小于 1，k 表示所有分配到空集上的可信度和，因此如果分配到空集上的总可信度 $k \geq 1$，而两个证据都支持的命题得到的可信度反而小于等于 0，这显然是不合理的，即这两个证据是不能合并的。另外两个证据在同一识别框架上只要不是完全一致的，即两个证据之间存在矛盾，就会表现出若干冲突特性。k 的值反映两个证据之间的矛盾程度。k 的值越大，说明这两个证据之间的冲突也越大；反之，k 值越小，说明两个证据之间的冲突也越小。

另外，当证据相互不独立时，例如证据 X_2 蕴含证据 X，这时就不能采用式（4-14）进行合并。这时需要根据 Dempster 的证据合并的条件规则进行合并。

$$m(X_1) \oplus m(X_n) = m(X_1 \mid X_n) = \frac{m(x_1 \cup \overline{X_2}) - m(\overline{X_2})}{1 - m(\overline{X_2})} \qquad (4-17)$$

由于这里考虑的证据来自同一 CGF 实体对同一目标的同一属性的不同时刻的观察，这种认识主体和认识对象的同一性，可以保证这种情况下得到的证据都是可以合并的。因此在下面的论述中，直接进行证据合并而不加判别；同时为了论述的简单，所给出的证据都是独立的，因此下面的证据合并都采用式（4-15）。为了直观，式（4-15）可转化为交叉表的形式（表4-1）。设有两个观察结果（$n=2$），第一个观察是 CGF 实体认为目标通信接收机的工作类型是 RT_1 的可能性为 e_{11}，是 RT_2 的可能性为 e_{12}，是 RT_3 的可能性为 e_{13}。记为 $m_1\{RT_1\} = e_{11}, m_1\{RT_2\} = e_{12}, m_1\{RT_3\} = e_{13}$。第二个观察是 CGF 实体认为目标通信接收机的工作类型是 RT_1 的可能性为 e_{21}；目标通信接收机的工作类型是 RT_2 或 RT_3 的可能性为 e_{22}。记为 $m_2\{RT_1\} = e_{21}, m_2\{RT_2, RT_3\} = e_{22}$，$m_1$ 和 m_2 构成的交叉见表4-1。

表 4 - 1   交叉表

	$m_2\{RT_1\}=e_{21}$	$m_2\{RT_2,RT_3\}=e_{22}$	$m_1 \cdot m_2(\{\}) = e_{11}*e_{22}+e_{12}*e_{21}+e_{12}*e_{21}$ $k=1-m_1 \cdot m_2(\{\})$
$m_1\{RT_1\}=e_{11}$	$\{RT_1\}e_{11}*e_{21}$	$\{\}e_{11}*e_{22}$	$m_1 \cdot m_2(\{RT_1\}) = (e_{11}*e_{21}/k)$
$m_1\{RT_2\}=e_{12}$	$\{\}e_{12}*e_{21}$	$\{RT_2\}e_{12}*e_{22}$	$m_1 \cdot m_2(\{RT_2\}) = (e_{12}*e_{22}/k)$
$m_1\{RT_3\}=e_{13}$	$\{\}e_{12}*e_{21}$	$\{RT_3\}e_{13}*e_{22}$	$m_1 \cdot m_2(\{RT_3\}) = (e_{13}*e_{22}/k)$

表 4 - 1 中的第四列表示两个证据合并的结果。

第 **5** 章

计算机生成兵力的决策行为

5.1 引　言

从狭义上讲,决策是从若干可能的方案中,按某种标准(准则)选择一个方案,而这种标准可以是最优、满意或合理;从广义上讲,决策是为了达到某个目的,从一些可能的方案(途径)中进行选择的分析过程,是在有风险或不确定的情况下对影响决策的诸因素做出逻辑判断与权衡。当存在多个方案时,则需要做出决策,从中选出最可行的方案,同时决策将作用于外部环境,决策者将承受决策带来的后果。因而决策者在做出决策时必须慎之又慎,除此之外,更重要的是要收集与决策方案有关的环境信息。

CGF 需要描述的人类决策行为包括高层次的任务规划、战术决策、作战行动协同决策及低层次的机动行为决策、火力行为决策。其中,任务规划、战术决策和作战行动协同决策属于 CGF 决策行为的高级层次,由指挥实体来完成;机动行为决策和火力行为决策是 CGF 为了执行高级层次的决策结果而进行的一系列操作动作,由作战实体完成。CGF 描述的人脑决策行为分类如图 5 - 1 所示。

规划一词的日常理解是行动之前拟定行动步骤。在人工智能研究范围,规划实际上就是一种问题求解技术,即从某个特定问题的初始状态出发,发现一系列行为或构造一系列操作步骤,达到解决该问题的目标状态。

规划有动态规划、静态规划和重规划之分。

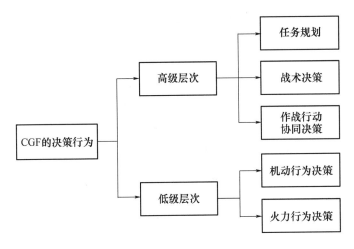

图 5 - 1　CGF 的决策行为分类

　　动态规划实际上就是分阶段做决策。在下一个决策之前,在某种程度上能够预测每一个决策的结果。进行动态规划的一个关键点是不能孤立地做出某一个决策。相反,现在对低代价的希望必须被将来高代价的失望所抵消。所以说动态规划是一个信任赋值问题,因为信任或责任必须赋值给一组相互作用的决策中的每一个决策。为了得到最优的规划,需要在眼前代价和将来代价中取得有效的折中,这种折中确实被动态规划的形式抓住。动态规划是一种实时规划,由于软硬件条件的限制,仿真系统对实时性要求较高、动态规划的运算量较大导致系统运行受到较大影响的情况下的动态规划难以实现。

　　静态规划是在做出具体的行动之前的规划,是一次性整体规划。静态规划根据初始条件和预期结果来制定行动方案。

　　重规划是相对于静态规划而言,在静态规划完成之后,主体不断监视战场态势的变化,如果战场态势与预计的态势相差较大,这时就需要重新进行任务规划,也就是所谓的重规划。重规划是在态势变化满足一定的条件下才能被"触发"。这是它与动态规划最根本的区别。

　　战术决策主要是进行作战行动的局部调整,通过调整所属部队的机动、火力运用达到目的。从某种意义上讲,战术决策是一种局部规划。

　　作战行动协同是多个实体(指挥实体、作战实体)为完成某一共同任务而进行的行动上的协调和配合。

　　机动行为决策主要体现在以下方面:队形保持,避障,通过特定区域。

　　火力行为决策是指 CGF 实体如何运用所在武器平台的火力。以坦克 CGF

的火力运用为例,其火力行为决策主要体现在目标探测、目标选择、弹种选择、瞄准射击等方面。

5.2 决策过程描述

CGF 实体的决策过程主要体现为基于感知信息构造决策任务,运用合适的决策准则和机制从方案集中选出最优的方案,作为 CGF 实体下一步执行的任务。CGF 实体决策过程如图 5-2 所示,具体包括方案集生成、感知走势描述、主体效用分析和方案优选四个步骤:

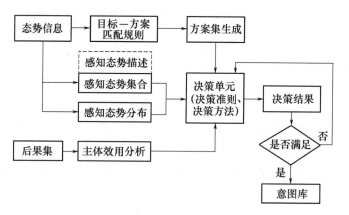

图 5-2 CGF 实体决策过程

5.2.1 方案集生成

当 CGF 实体感知到外部环境新的信息或事件,导调控制信息或其他主体发出的信息时,CGF 实体的推理机中态势分析器利用知识库中的知识开始"理解"感知到的这些信息或事件。当 CGF 实体可以理解这些信息或事件,即 CGF 实体知道是否对该信息或事件做出反应(目标),及如何做出反应(方案集)。这样就获得了决策目标 O 和方案集 $A = \{A_1, A_2, \cdots, A_m\}$,并存入目标—方案集($D$)中。如前所述,CGF 实体对特定信息或事件如何做出反应不是随心所欲的,要受作战条令条例、作战经验等的影响。如当 CGF 实体发现前方 1 km 处有一敌军坦克,CGF 实体的目标是消除该坦克对自己的威胁,而要实现该目标,在条令中规定了四种应对方案:主动进攻;防御;迅速隐蔽,等敌接近时再进攻;避开敌人,请求上级或友军支援。上述四种方案都可以消除该目标对自己的威胁,但是到底哪一种方案最优,需要根据 CGF 实体所处的条件决定。

方案生成过程可表示为式(5-1):

$$B \cup \Delta \Rightarrow \gamma D = <O,A> \qquad (5-1)$$

式中:B 为感知态势集;Δ 为知识库;γ 为态势——目标匹配规则;O 为决策目标;A 为方案集。

5.2.2 感知态势描述

分析决策与凭直觉做出决策的重要区别是分析决策首先实现信息的量化表示。CGF 通过感知得到的态势信息的可能状态集 $\Theta = \{\theta_1, \theta_2, \cdots, \theta_n\}$,即感知态势不是一个确定值,是某些可能情况的集合,以及描述每一种情况可能性高低的值,如式(5-2)所示:

$$B = (\Theta, m(2^\theta)) \qquad (5-2)$$

加入真实的感知行为后,CGF 实体决策所依赖的信息一般是不确定或不完全的。如 1 号目标是装甲车的可能性为 30%,2 号目标是坦克的可能性为 60% 等。这时尽管知道状态集 Θ,但不一定知道所有状态 θ_i 的概率。即当 CGF 实体感知到的信息不完全时,CGF 实体得到的感知信息是某些状态的可能性表示,如 $m_1(\{truck\}) = 30\%$,$m_2(\{tank\}) = 60\%$。

5.2.3 主体效用分析

为了定量研究决策问题,除了用概率量化感知态势的不确定性外,还需要量化后果的价值。这里用效用表示 CGF 实体对后果的偏好次序,如式(5-3)所示:

$$U = u(p,c) \qquad (5-3)$$

式中:U 为方案的效用(价值)集;u 为效用函数;p 为感知态势的概率;c 为态势对应的后果。

效用函数通过决策人对风险(或不确定性后果)的偏好强度来度量。传统的风险被定义为:一种不确定时间及其发生的可能性和后果。这种后果与决策者的预期目标会有偏离或差异,这种偏离程度通常被用作衡量风险大小的指标,也是计算后果效用的基础。以前的研究多强调负偏差或损失结果,其实风险还蕴藏着潜在机会和收益,效用就是对风险的损失和收益权衡的结果,从这个意义上讲,风险对效用具有约束效应(l)和诱惑效应(g),如式(5-4)所示:

$$u = f(g,l) \qquad (5-4)$$

偏好次序是决策者的个性与价值观的反映,与决策者所处的指挥控制地位、军事素养、心理和生理状态有关。

这里认为后果是客观的,效用是主观的,即同一方案在相同的态势下的后果是相同的,但各个 CGF 实体的效用函数不一定相同,最终的效用(或价值)也就不一定相同。

5.2.4 方案优选

经过上述三个步骤,决策问题已经构造完成,剩下的工作是根据问题的性质和特点,选择合适的决策准则做出决策,选出最优的方案。即:

$$\Theta \otimes A \otimes U \Rightarrow \tau A' \qquad (5-5)$$

由上式可知,一个理想的决策方案是感知态势集 Θ、被选方案集 A 和决策者的偏好 U 所蕴含的必然选择。无论最终的结果是好是坏,通过上述分析所做出的决策一定是高质量的。决策准则 τ 需根据问题的性质及决策者的个性进行选择。

5.2.5 决策的时间特性分析

从式(5-5)可知,对于某一个决策者来说,相同的决策问题,当决策准则不变时总是选取相同的决策方案 A^*,这与实际并不相符。当态势发生变化时,决策者随时获取这些变化,同时决策者每一次决策的偏好也可能不同,即在决策过程中,决策人的偏好随时间动态变化,为了制定一项行动计划,只要时间许可,绝大多数决策者都需要进行多次反复,以求得更合适的决策。

对同一问题,经验丰富的决策者所需的时间比一般决策者要少,对同一决策人,解决熟悉的问题所需的时间比解决全新问题所需的时间短。因而在作战仿真的决策行动中引入时间特性(或可变性)是十分必要的,它除了描述决策结果随时间动态变化,还可解释时间因素对决策结果的影响,同时可解释决策速度与准确度之间的关系。在作战仿真领域,决策的效率与准确性是非常重要的两个因素。

考虑了决策的时间特性后,此时的决策过程可看作传统决策过程在时域上的扩展。可以认为,传统决策过程只做一次期望效用计算,而考虑了时间特性的决策过程,将做出一系列期望效用计算,直至决策终止时间已到或决策的结果符合预期。

决策过程中时间特性对决策结果的影响分析如下。假定指挥员必须从三个可能的方案中选择一个:进攻,请求支援,撤退。首次决策时,指挥员根据过去经验和当前态势给出每个方案的偏好,预测和评估每种方案的可能后果。在某个时刻,决策者可能关注进攻时的己方伤亡。于是请求支援或撤退方案。而在另一个时刻,指挥员可能考虑到请求支援时敌人会侦测到我方与友方的通信联络。偏好随时间不断变化,直到某个行动的偏好超过了指挥员心目中的最低门限,这里的最低门限可认为是决策人对己方人员伤亡的最大可接受值。显然,最低门限越高,说明对己方人员伤亡的可接受值越小。

决策的时间特性揭示了时间压力对决策质量的影响,假设按某个属性(如重要属性)来衡量各被选方案,选择方案 1 最合适,而按其他属性选择时,选择方案 2 最合适。当时间非常紧急时,最低门限值最低,经过几次决策的反复就可以达到最低门限。设决策者最初按最重要属性来选择最优方案,则可能选择方案 1,当决策的时间比较宽裕时,决策者不仅考虑最重要属性,还可能接着考虑其他一些属性,则很可能选择方案 2。即时间压力客观上改变了决策结果。

上述过程可以用图 5 - 3 表示。图 5 - 3 中的纵轴表示偏好的强度(用方案的期望效用描述),横轴表示时间,曲线 P_1、P_2 和 P_3 分别表示方案 1、2 和 3 的效用随时间的变化趋势。曲线 θ 表示决策者的最低门限随时间的变化情况。

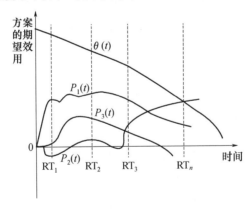

图 5 - 3 CGF 实体决策的时间特性

一个方案只有当其期望效用超出最低门限,才能作为最终的决策方案。同时从图 5 -3 看出这个门限随时间不断衰减,即决策者不得不接受较多的人员伤亡。换句话说,随着可用决策时间的流逝,决策者的压力将逐步增大。即最低门限的初始值由两个因素决定:后果的重要性,决策时间紧迫性。

重要的决策需要较高的门限值,在做出决策之前,需要经历较长时间反复周全考虑,需要收集更多的信息,从而能够做出更可行的决策。增加最低门限也就增加了决策的准确度,但是如果决策的时间非常紧迫,则决策的门限必须降低,决策者对结果进行一次或几次的权衡比较就需要做出最终的决策。这时决策的速度是提高了,不过决策者做出错误决策的可能性也大大提高了。

当然,不是每一个决策都需要反复进行,如决策者基于过去的经验、训练和准确的情报,被选方案孰优孰劣,了然在心,这时只需收集少量的信息就可快速做出最终的决策。

5.3 决策行为实现方法

有关 CGF 决策方法请参考由电子工业出版社出版的《计算机生成兵力智能决策方法及其仿真应用》一书,为了便于读者使用,这里只对典型的方法做一简要介绍。

5.3.1 基于规则推理的方法

基于规则推理的方法是作战仿真中用得最早、也是目前最广泛使用的一种 CGF 实体智能决策方法。基于规则推理系统的方法,采用 IF – THEN 指令形式来定义领域知识,也使用这种指令形式进行知识推理。

5.3.2 基于语境推理的方法

在作战过程中,作战双方在不同的时刻都处于不同的状态,这些状态可以按照一定的规则进行明确地表示和划分。也就是说,任何一个作战实体或单元每时每刻也都处于一定的状态下,不管战场情况如何,通过对实体或作战单元所处状态精确而详尽地分析,都可以事先将其可能所处的状态罗列出来。这些状态也被称作实体或作战单元所处的"语境",用 context 表示。context 仅描述实体或单元所处语境的主要属性,能提供在该语境下实体或单元可能采取的各种行动方案。

基于语境的推理方法(Context – Based Reasoning,CBR)通过语境描述实体或作战单元的表象,实现实体或作战单元所处状态的自动转换,对实体或作战单元所处不同状态采用相应的策略。

5.3.3 基于案例推理的方法

人类习惯使用以往的经验或通过回忆过去的故事情景,进行归纳总结以解决当前问题。这就是基于案例推理方法的思想。基于案例推理的方法通过联想（或类比），将解决过去问题的经验用于解决当前类似的问题。在 CBR 中，主要的知识源不是普适于应用领域的规则，而是解答过去问题的案例。CBR 首先从案例库中检索出与当前问题最类似的案例，然后比较其差别，并通过解答、改编，使它们适合于解决当前的问题。

5.3.4　一种不完全信息下的决策模型

前面所介绍的三种决策方法暗含的前提是：感知信息是完备的、确定的，决策结果也总是最优的。然而外部环境是不断变化的，一些信息在决策时很难得到，因而决策者更多的时候面临的是风险型或不确定型决策。

上面介绍的三种决策行为描述方法对决策过程和问题复杂性做了许多不切实际的假设，主要存在如下不足：

一是决策过程过于刻板，缺乏灵活性和适应性。

二是决策方法过于规范，难以包括决策者个人因素对决策结果的影响，这些因素包括面临的压力、身体疲劳程度、经验和对待风险的态度。

三是没有考虑决策者的知识局限性、判断问题时出现的偏差和失误。

决策依赖于决策者对当前态势的感知，按决策时所掌握态势信息的完备程度，可把决策问题分为确定性决策、风险性决策和严格不确定性决策。由于 CGF 实体在感知过程中保持了感知行为的真实性，因而决策所依赖的信息是不完全或不准确的，即 CGF 实体更多的时候面临的是风险型或不确定型决策。这样虽然从一定程度上消除了上述第三个方面的不足，但是大大增加了决策行为的复杂性。不过作战行动是一项非常严密的行动，对什么样的态势做出什么样的行动（决策），不是随心所欲的，作战原则、作战条例条令对此都有明确的规定，从而在一定程度上降低了决策行为的复杂性。

加入了真实的感知行为以后，CGF 实体所面临的决策形势发生了很大的变化：它对外部环境既不是完全了解，也不是一无所知。这时如果运用严格不确定型决策方法的悲观准则、乐观准则、最小后悔值准则、乐观系数准则（Hurwiez 准则）等其中的一种来选择最优方案，由于所进行的决策是基于收益矩阵，而不考虑各自然状态发生概率，则损失了通过感知行为得到的信息。如果用风险型期望效用的决策方法，又不能保证状态集中所有自然状态的发生概率都能得到。对于基于真实感知信息的决策，这种不完全性具有一定的普遍性。下面对此问题进行探讨。

设所有可行方案 A 的集合构成决策空间，记为 $A = \{A_1, A_2, \cdots, A_m\}$，所有可能状态 S 的集合称为状态空间，记为 $S = \{S_1, S_2, \cdots, S_n\}$，状态空间是一种参数空间。方案的结果用收益或损失函数表示，称为决策函数或决策矩阵。

为讨论方便，不失一般性，这里规定方案的结果用收益表示，即如式(5-6)所示：

$$F(\theta, a) = Q_{ij}(i = 1, 2, \cdots, n; j = 1, 2, \cdots, m) \qquad (5-6)$$

A 和 S 均为有限集合，状态空间、方案空间和决策函数共同构成一个决策系统，记为 (S, A, F)。$B_k(k = 1, 2, \cdots, p; k \leqslant n)$ 为感知空间，它是通过感知行为对状态空间的划分。$B_k \subset S$，且 $B_k(k = 1, 2, \cdots, p)$ 互不相交。当 $k = n$ 时，称作完全划分，即 CGF 实体对外部自然环境有完全准确的感知，这时状态空间就等于感知空间。在完全划分情况下，CGF 实体面临的决策形势如式(5-7)所示：

$$\begin{cases} m(B_k) = \theta_k \neq 0(k = 1, 2, \cdots, p) \\ m(\phi) = 0 \\ \sum_{k=1}^{p} m(B_k) = \sum_{k=1}^{p} \theta_k = 1 \end{cases} \qquad (5-7)$$

从式(5-7)可以看出，当 $B = S_k$，说明 CGF 实体通过感知可确定事件发生的唯一状态。式(5-7)变为确定型决策问题，最优方案 A^* 满足：

$$E(A_i/S) = Q_{ik} \qquad (5-8)$$

$$E(A*/S) = \max_j E(A_i/S_k) \qquad (5-9)$$

当 $B = \{S_1, S_2, \cdots, S_k\}(k = 1, 2, \cdots, n)$ 时，这时各感知态势 S_k 发生的概率为 $\theta_k = m(B_k)$，则上式变为风险型决策问题，这时 CGF 实体按期望效用最大的原则来选择方案，最优方案 A^* 满足：

$$E(A_i/S) = \sum_{j=1}^{n} Q_{ij} \cdot \theta_j \qquad (5-10)$$

$$E(A*/S) = \max_i E(A_i/S) \qquad (5-11)$$

在时间许可的情况下，CGF 实体通过不断地感知外部世界(通过多种感知源、多次感知)或与仿真系统中其他友方主体通信，交换感知结果，这时 CGF 实体将得到自然状态的完全信息及各状态发生概率等信息。

但是，在紧急情况下，CGF 实体感知得到的自然状态的信息是不完全的。例如，CGF 实体知道当前目标台的通信接收机的工作类型可能是 RT_1、RT_2、RT_3 或 RT_4，即 $S = \{RT_1、RT_2, RT_3, RT_4\}$，但各个状态出现的概率 P_k 并不完全知道，即 CGF 实体对当前状态的了解是不完全的，如，$m\{RT_1\} = 0.64, m\{RT_2, RT_3\} = $

$0.16, m\{\mathrm{RT}_4\} = 0.2$。由于不确定型决策方法的诸决策准则只按方案的收益来选择最优方案,这时如果把上述特殊问题当作不完全决策问题来处理,则损失了通过感知行为得到的信息。为了克服这个缺点,按照如下思路解决:

(1) 按感知空间 B_k 来划分自然状态空间,称每一个子集为感知状态,即 $S = B_k, B_i B_j = \phi (i \neq j, i, j = 1, \cdots, k)$。这时,外部世界只有 k 种状态,且每种状态的可能性通过感知行为已经求得 $\theta_k = m(B_k)$,这样只要知道每种感知状态的收益 Q'_{ij}(i 表示方案序号,j 表示感知空间中各感知状态的序号),即可按式(5 - 8)、式(5 - 9)求得最优方案 A^*,于是将一类特殊的不完全决策问题转化为风险型决策问题。

(2) 求在感知状态下各方案的收益值 Q'_{ij}。

如果 B_k 中元素只有一个,如 $B_k = \{\mathrm{RT}_1\}$ 或 $B_k = \{\mathrm{RT}_4\}$,则此时的 $Q'_{ij} = Q_{ij}$,如果 B_k 中元素有多个,如 $B_k = \{\mathrm{RT}_2, \mathrm{RT}_3\}$,由于此时已经没有其他可用的信息确定 Q'_{ij},这时借用不确定型决策准则中的思想,按如下准则求取 Q'_{ij}。

设 B_k 包含有 r 个元素,即某一感知状态包含有 r 种自然状态。

① 乐观准则。

$$Q_{Bk}{}'_i = \max_j \{Q_{ij}\} (1 \leqslant j \leqslant r)$$

即在感知状态 B_k 下,每种方案 A_i 的收益 $Q_{Bk}{}'_i$ 为该方案在 B_k 中的各种自然状态下的最大收益值。

② 悲观准则。

$$Q_{Bk}{}'_i = \min_j \{Q_{ij}\} (1 \leqslant j \leqslant r)$$

即在感知状态 B_k 下,每种方案 A_i 的收益 $Q_{Bk}{}'_i$ 为该方案在 B_k 中的各种自然状态下的最小收益值。

③ 平均值准则。

$$Q_{Bk}{}'_i = (Q_{i1} + Q_{i2} + \cdots + Q_{ir})/r$$

即在感知状态 B_k 下,每种方案 A_i 的收益 $Q_{Bk}{}'_i$ 为该方案在 B_k 中的各种自然状态下收益的平均值。

④ 乐观系数准则。

$$Q_{Bk}{}'_i = \alpha_1 Q_{i1} + \alpha_2 Q_{i2} + \cdots + \alpha_r Q_{ir}$$
$$\alpha_1 + \alpha_2 + \cdots + \alpha_r = 1$$

α_i 为乐观系数,反映了决策者的决策态度和对待风险的倾向。α_i 的取值由决策者个人决定,并适用于当前问题的所有决策方案。

显然,当 $\alpha_1 = \alpha_2 = \cdots = \alpha_r = \dfrac{1}{r}$ 时,准则④即变为准则③,即准则③是准则④的特殊形式。

经过以上步骤,充分运用了不完全的感知信息,将一类特殊不完全型决策问题转化为一个风险型决策问题,得出不完全感知态势信息下的最优行动方案。

第 **6** 章

计算机生成兵力的学习行为

6.1 引　言

从以往的经历中获得经验是 CGF 实体必不可少的一项功能。任何智能系统都不会重复相同的错误而不加修正;也不会自始至终用同一方法解决同一问题。在现实中,指挥员可通过与不同的作战对手交战而学会如何决策;士兵通过不断地训练学会如何有效执行任务,学会如何准确预测行动后果。CGF 实体的智能水平不仅体现在解决问题的能力上,还体现为不断学习、完善自我的能力,以便更好地适应动态变化的环境。总之,对人类学习行为进行描述并将其应用于 CGF 中,对于构建具有较高仿真可信度的 CGF 实体是必不可少的工作。

美国国防部建模与仿真办公室(Defense Modeling& Simulation Office, DM-SO)认为引入学习和内在可变性到 CGF 的行为中是非常重要的,学习不仅使 CGF 实体的行为表示真实地适应变化的环境,而不必在事先预料环境中每种可能的变化,同时它使得模型更真实地反映人的智能行为;而且,不同的学习级别可以表示从初学者到专家等不同级别的技能差异。另外,一个有效的学习模型还支持知识获取过程,目前的知识都是通过专家获取,然后由程序员编成程序,这样既费时又费力。一种更有效又自然的方式是让 CGF 实体模仿专家的行为从实例中学习规则。虽然建立学习模型完全代替通过专家获取知识的途径还存在困难,但这是最终努力的方向。学习和智能是密切相关的,一般认为,智能系统应该具有学习能力,而具有学习能力的系统也应该属于智能系统。在人工智能学科,机器学习是指系统自动获取新知识、求解能力和认知技能,自动将所获得的知识和技能应用到系统未来的活动中,以提高系统的求解技能。CGF 实体也需要通过学习提高能力以适应环境的变化,适应其他主体的行为,从而增强解决问题的能力。但是目前的 CGF 实体的行为模型还不具备学习能力,主要存在两个原因:

(1) 人的学习过程极其复杂,难以描述。

(2) 在 CGF 实体的行为模型中加入学习行为后,整个仿真系统的性能将受到较大影响。

随着仿真应用的不断深入,仿真应用对仿真过程和结果的可信性提出了更高的要求,迫切需要在 CGF 实体的行为表示中加入学习模型;同时随着行为科学、认知科学和计算机技术的不断发展,学习模型对包含 CGF 实体的仿真系统性能的影响已经不是一个主要问题,这样在仿真系统中加入学习模型是可能的。尽管人类的学习过程十分复杂,要在 CGF 实体的行为模型中建立与人完全相同的学习过程是极其困难的,但是针对特定任务进行某种层次的学习是可能的。这种考虑问题的角度为在人的行为表示模型中引入学习行为提供了可能。在 CGF 研究中,对人类学习行为模型的研究从两个层面上展开:

(1) 在单个 CGF 实体层次上,研究 CGF 实体的学习过程。

(2) 在组织的层次上研究整个组织的适应和进化过程。

6.2　学习行为模型框架

学习的定义是什么? 不同的研究者有不同的理解。有人认为学习是行为的改变,是在刺激与反应之间建立联系;有人认为学习是对客观事物间规律的认识,是在刺激与刺激之间建立联系。这里采用第一种观点,即认为 CGF 实体的学习行为是指通过练习而使行为发生改变的活动。也就是说,行为改变是学习的结果。同时这种行为的改变完全是由于在客观环境中所获得的知识或技能而引起的,而不是个体内部的自然成熟而引起的。

学习的基本机制是设法把在一种情况下成功的表现转移到另一种类似的新情况中。学习是获取知识、积累经验、改进性能、发现规律、适应环境的过程,该过程如图 6 - 1 所示,该过程中包含学习行为的四个基本环节。环境提供外界信息,类似教师角色,教师提供大量的信息给学生。学习单元处理环境提供的信息,即学习算法,这是学习模型的核心所在,决定学习模型的能力和性能。知识库中以某种知识表示形式存储学习的结果,知识库要能够修改或扩充。执行单元利用知识库中的知识来指导行为,完成任务,并把执行中的情况反馈到学习单元。学习单元使 CGF 实体自动获取知识,令自身的能力得到提高。

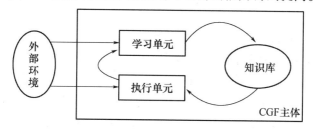

图 6-1 CGF 实体的学习模型框架

在作战仿真环境中,CGF 实体主要进行如下几个方面的学习:

(1)战术动作学习:即学习战场情景——战术动作匹配规则。这样,CGF 实体能在不同的战场条件下合理运用战术原则,提高战场生存能力。

(2)感知技能学习:即学会如何对感知状态进行分类和评估,提高 CGF 实体观察、理解外部刺激的能力。

(3)决策方法学习:即学习不同态势下最优方案的选择方法,提高 CGF 实体的决策技能。

6.3 学 习 方 式

CGF 实体主要通过两种学习方式进行学习:离线学习和在线学习。

离线学习又称为被动学习,指 CGF 实体在非工作状态下的学习活动。如图 6-2 所示,离线学习时,学习环境中有教师存在,在教师的指导下进行学习。这里,教师可以是人,也可以是其他 CGF 实体。对于每一种态势 s,CGF 实体

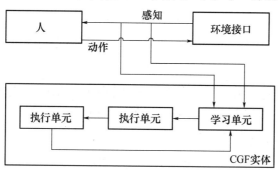

图 6-2 离线学习过程

都可通过教师那里获得最佳应对方案 a，即系统中存在态势—方案对 (s,a)。这时，CGF 实体学习的主要过程是检索知识库，匹配案例、存储态势—方案对的过程。

　　在线学习又称为主动学习，指 CGF 实体在工作条件下进行学习。如图 6-3 所示，它与离线学习不同的是：在离线学习中一组训练例子是通过教师或者领域专家预先选择好的，这些例子都是以态势—方案对形式存在。而在线学习时，系统中没有教师存在，即不存在态势—方案对 (s,a)。CGF 实体只能以它当前的知识为基础选择一种应对方案，作用于环境，导致某种反馈，CGF 实体进而根据各种方案的反馈情况调整知识库的内容，从而实现自主学习。

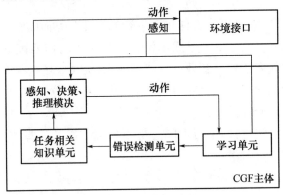

图 6-3　在线学习过程

离线学习与在线学习的区别可形式化地表示如下：
设 CGF 实体的知识为

$$K = \{K_0, K_1, K_2, \cdots\} \tag{6-1}$$

并且用于 CGF 实体训练的实例集合为

$$I = \{I_1, I_2, I_3, \cdots\} \tag{6-2}$$

离线学习算法中，CGF 实体学到的知识与实例集之间的相互关系为

$$K_j = PL(K_{j-1}, I_j) \tag{6-3}$$

实例集 I 是"老师"在 CGF 实体开始学习之前提出的，I 是固定的，K 是独立的。

　　在线学习中，实例集是由 CGF 实体所处的动态环境决定的。CGF 实体学到的知识与实例集之间的相互关系为

$$K_j = AL(K_{j-1}, I_j) \tag{6-4}$$

$$I_j = P(K_{j-1}, S_{j-1}) \tag{6-5}$$

CGF 实体学到的知识是它以前的知识和当前实例的函数,而每个实例又是 CGF 实体以前的知识和以前环境状态的函数。

6.4 离线学习

在分布交互仿真训练环境中,各兵种按照合同作战想定,在同一时间段,联合组织同步训练或异步训练。当与训练内容有关的部分兵种缺席时,它们在合同作战中的角色由相应的 CGF 实体扮演。根据这一机制,当 CGF 实体的被扮演者—各军种指挥员在线时,CGF 实体可以离线跟踪指挥员的行为,采取案例学习策略进行离线学习,以下首先给出与案例学习相关的定义:

定义 6.1 案例　案例是 CGF 实体知识库中规则的前提,或是 CGF 实体根据外界信息所作出假设的前提。

定义 6.2 案例长度　设一案例 X 形如 $e_1 \wedge e_2 \wedge \cdots \wedge e_n$,且 $e_i(i=1,2,\cdots,n)$ 不可再分,则该案例长度为 n。

定义 6.3 案例子项　设一案例 X 形如 $e_1 \wedge e_2 \wedge \ldots \wedge e_n$,且 $e_i(i=1,2,\cdots,n)$ 不可再分,则 $e_i(i=1,2,\cdots,n)$ 称为案例 X 的子项。

定义 6.4 案例—动作对　对于一个案例 X,如果有相应的解决该案例的动作 A,则这个案例及其动作构成案例—动作对: $<X,A>$。

定义 6.5 案例部分匹配　设有案例 X 和 Y,若 X 的长度小于 Y 的长度,且 X 的所有子项均为 Y 的子项,则称 X 部分匹配于 Y。

定义 6.6 案例完全匹配　设有案例 X 和 Y,若 X 的长度等于 Y 的长度,且 X 的所有子项均为 Y 的子项,Y 的所有子项均为 X 的子项,则称 X 完全匹配于 Y。

定义 6.7 案例交叉匹配　设有案例 X 和 Y,若 X 和 Y 部分交叉,即 X 和 Y 有相同子项(成为交叉子项),但 X 不部分匹配于 Y,Y 也不部分匹配于 X,则称 X 与 Y 交叉匹配。

设 A 是 CGF 实体,CGF 实体对应的指挥员为 A_j,在训练时,A_i 和 A_j 同时接收到外部环境的刺激(一系列案例$\{E_k = e_1 \wedge e_2 \wedge \cdots \wedge e_n | (k$ 为自然数$)\}$),CGF 实体根据自身的经验和知识进行应对,设应对的动作为 $a_k(v)$(v 为动作的价值或效用),动作 a_k 作用于环境,并传给 A_i,这样 A_i 就收到了一个案例—动作对: $<E_k, a_k(v)>$,当案例不具备"与"的形式,则需要分解,变为若干个"与"的形式的"或",每个"或"成分均作为单独的案例处理。

由前面的分析可知,离线学习过程实质上是接收案例、存储案例的过程。不过这个存储过程不是完成简单的存储动作。CGF 实体首先搜索其知识库(算法

6.1)，看是否有案例 E_k 与指挥员 A_j 传来的案例匹配，如果存在匹配案例，则根据匹配情况按算法 6.1 对知识库进行修改；否则，在知识库中添加新的案例。设 A_i 的知识库（设为 K_n）中的知识以规则的形式表示 $e_1 \wedge e_2 \wedge \cdots \wedge e_n \to a(v)$，其中 $e_1 \wedge e_2 \wedge \cdots \wedge e_n$（$n$ 为自然数）是案例 E_k，a 为 E_k 的应对动作，v 为动作的价值（或效用）。

算法 6.1 离线学习算法

（1）若新收到的案例 x 不在 A_i 的知识库 K_n 中（如不匹配、部分匹配或交叉匹配），设 x 的应对动作为 a'，则将 $x \to a'(v')$ 添加到 K_n 中。

（2）若 x 和 K_n 的某一规则前提 E_k 完全匹配，但 E_k 对应的动作 a 与 x 对应的动作 a' 不同，则仍将规则 $x \to a'(v)$ 添加到知识库 K_n 中。

（3）若 x 和 K_n 的某一规则前提 E_k 完全匹配，且 E_k 对应的动作 a 与 x 对应的动作 a' 相同，但是两动作的效用 v 和 v' 不同，则按 $\max\{v,v'\}$ 修改原规则，即 $\{E_k \to a(\max(v,v'))\}$。

（4）若 x 和 K_n 的某一规则前提 E_k 完全匹配，且 E_k 对应的动作 a 与 x 对应的动作 a' 相同，两动作的效用 v 和 v' 也相同，则放弃更新数据库。

离线学习算法比较简单，只要选择的实例正确、完备，就可以保证学习效果最优，可以说，在离线学习中，学习效果主要是由教师决定。在离线学习算法的实现过程中，存在两个瓶颈：一是如何有效表示案例，目前在人工智能领域中普遍应用的知识表示方法有：谓词逻辑、脚本、框架、语义网络、产生式规则等。这些方法都可以用于案例表示，各有所长。二是案例在知识库中的组织。由前可知，离线学习是一种消极学习方法，它只是存储学到的知识，并不做任何处理，而把处理工作延迟到需要运用以前的学习知识时。这种学习方法的一个关键优点是：它不是在整个实例空间上一次性地估计目标函数，而是针对每个待分类的新实例作出局部和相似的估计。但这种方法的不足是分类新的实例所需的开销可能很大，这是因为几乎所有的计算都发生在分类时，而不是在学习实例时。所以如何有效地索引训练实例，以减少查询所需的计算量是采用离线学习方法的一个重要技术问题。

6.5　在线学习行为

在线学习是在动态变化的环境中无导师指导的一种学习方式。在这种条件下，不存在状态—动作对，因此不能应用离线学习方法实现 CGF 实体的在线学习，一种称为增强学习（Reinforcement Learning）的方法能较好地解决这种条件下的学习。

6.5.1　基于增强学习的主动学习过程

增强学习方法采用类似现实中的人在动态环境中的学习过程,通过向环境中发出一个动作,借助感知行为获取环境对该动作的响应(或回报),然后根据该回报的大小再决定下一步动作,如此反复。故 CGF 实体的任务是执行一系列动作(可能是盲目的),观察其后果,进而学习控制策略,然后根据此控制策略发出动作改变环境,如此往复直至找到最优控制策略,这时一个学习过程结束。在线学习时,即使 CGF 实体不具备有关动作对环境会产生怎样效果的先验知识,也能学习到应对动态环境的最优策略。

CGF 实体采用增强学习方法的学习过程可形式化地表示如下:

设 CGF 实体所处的环境表示为可能的状态集合 S,它可执行的可能动作集合为 Act,每次在某状态 $s_i(s_i \in S)$ 下执行一动作 $a_i(a_i \in \text{Act})$,此时 CGF 实体会收到一个实值回报 $r_i = r(s_i, a_i)$,它表示在状态 s_i 下执行动作 a_i 的回报值,同时达到另一个状态 $s_{i+1} = \delta(s_i, a_i)$ (图 6 - 4)。这里的 r 和 δ 都是仿真环境的一部分,CGF 实体在采取行动之前并不知道,只有发出动作 a 后,才能通过感知行为局部地获得。如假定函数 $r(s_i, a_i)$ 和 $\delta(s_i, a_i)$ 只依

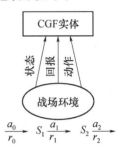

图 6 - 4　CGF 实体通过增强学习方法实现在线学习的过程

赖于当前的状态和动作,与以前的状态和动作无关。上述过程可简化为一个马尔科夫过程。

CGF 实体的学习目标是学习一个控制策略 $\pi : S \rightarrow A$,选择动作 A 使下式最大化:$r_0 + \gamma r_1 + \gamma^2 r_2 + \cdots$,其中,$0 \leqslant \gamma \leqslant 1$,即 CGF 实体依据此策略产生最大的累积回报。通过该策略 π 从任意初始状态 s_i 获得的累积回报值 $V^{\pi}(s_i)$ 可表示为

$$V^{\pi}(s_i) = r_0 + \gamma r_1 + \gamma^2 r_2 + \cdots = \sum_{i=1}^{\infty} \gamma^i r_{1+i} \qquad (6-6)$$

其中回报序列 r_{i+1} 的生成是从状态 s_i 开始通过重复使用策略 π 来选择上述动作而形成的。这里 $0 \leqslant \gamma \leqslant 1$ 为一常量,它确定了延迟回报与立即回报的相对比例。确切地讲,在未来的第 i 时间步收到的回报被因子 γ^i 以指数级折算。如 $\gamma = 0$,则只考虑立即回报;当 γ 被设置为接近 1 的值时,则表明 CGF 实体认为未来的回报相对于立即回报有较大的重要性。γ 的选择与 CGF 实体的个性有关。

获得最大累计回报的策略称为最优策略 π^*,可表示为

$$\pi^* = \arg\max_{\pi} V^{\pi}(s)\,(s \in S)$$

$$= \arg\max_{\pi}\left(\sum_{i=1}^{\infty} \gamma^i r_{i+1}\right) \tag{6-7}$$

式(6-7)中,$V^{\pi}(s)$给出当 CGF 实体从状态 s 开始可获得的最大折算累计回报。直接学习策略函数 $V^{\pi}:S{\to}A$ 很困难,因为训练数据中没有提供 $<s,a>$ 的训练样例。唯一可用的训练信息是回报序列 $r(s_i,a_i)$,$i=0,1,2,\cdots$。当只有回报序列这类训练信息时,更容易的学习策略是学习一个定义在状态和动作集上的数值评估函数 V^*,然后依此评估函数形式实现最优策略 π^*。式(6-7)可改写为如式(6-8)所示:

$$\pi^* = \arg\max_{\pi}[\,r(s,a) + \gamma V^{\pi}(\delta(s,a))\,]$$

$$= \arg\max_{\pi} Q(s,a) \tag{6-8}$$

式(6-8)表明最优控制策略 π^* 是从状态 s 出发使 $Q(s,a)$ 值最大的动作序列。这里

$$Q(s,a) = r(s,a) + \gamma V^*(\delta(s,a)) \tag{6-9}$$

$Q(s,a)$ 可进一步写成递归形式:

$$Q(s,a) = r(s,a) + \gamma \max_{a'} Q(\delta(s,a),a') \tag{6-10}$$

Q 函数的递归定义为迭代逼近 Q 函数提供了基础。CGF 实体重复地观察当前的状态 s,选择动作 a 执行,然后获取回报结果 $r = r(s,a)$ 以及新状态 $s' = \delta(s,a)$,并按如下规则修改 $Q(s,a)$ 的值:

$$\hat{Q}(s,a) \leftarrow r(s,a) + \gamma \max_{a'} Q(s',a')$$

可以证明,如果主动学习过程可被近似为一个确定性马尔科夫决策过程,回报函数 r 有界,并且不断地选择动作可使每个状态—动作对都被访问到,那么 $\hat{Q}$ 在极限时收敛到实际的 Q 函数。

总结上面的介绍,CGF 实体的主动学习算法如下所示:

(1) 初始化 $\hat{Q}(s,a)$,使之为 0;

(2) 观察当前状态;

(3) 一直重复做,直到 $\hat{Q}(s,a)$ 变化不大;

① 选择一个动作 a 并执行;

② 接收立即回报 r;

③ 观察新状态 s'；

④ 更新 $\hat{Q}(s,a)$ ；

$$\hat{Q}(s,a) \leftarrow r(s,a) + \gamma \max_{a'} Q(s',a')$$
$$s \leftarrow s'$$

6.5.2 在线学习实现策略

1. 确定状态空间和动作空间的原则

状态空间是 CGF 实体所处状态的集合。状态空间的完备性是 CGF 实体在线学习收敛的必要条件，因而正确确定状态空间非常重要。由于学习是面向目标的，可根据影响目标的各种环境因素的不同，将状态空间分成不同的维（地形维、气象维、CGF 实体维等），这样 CGF 实体每个仿真时间步所处的状态就是上述多维空间上的一个点。随着考虑的环境因素不断增加，状态空间数呈爆炸性增长。维数过多的状态空间会严重影响 CGF 实体的学习效率。因此，在不影响学习精度的前提下，状态空间的维数不能过多。通过领域分析，抓住影响 CGF 实体实现目标的主要环境因素，而忽略次要因素；同时对于连续维，需要对其进行离散化处理。这样可大大减少状态空间数量。

动作空间是 CGF 实体在实现目标的过程中为应对各种可能情况所发出的所有动作的集合。这需要根据 CGF 实体学习的目标、CGF 实体的角色等因素确定。如一个扮演士兵的 CGF 实体在学习战场作战技能时，其动作空间只包括移动、开火、通信、隐蔽等战术动作；而扮演指挥员的 CGF 实体在学习作战指挥时，其动作空间包括各种作战谋略。

2. 回报函数确定

回报函数是 CGF 实体学习目标的间接描述，它对 CGF 实体发出的每个动作赋予一个数字值，即即时支付（Immediate Payoff）。回报函数也需要根据学习的目标通过领域分析确定。例如，CGF 实体作出决定向前方目标开火，开火动作发出后就会收到如下支付：①敌人伤亡人数；②己方伤亡人数；③弹药消耗量。同时考虑到在 CGF 实体运动时，尽管上述三项为零，但运动方向不同，其面临的威胁也不同，如当 CGF 实体作出撤退的决定时，就会离敌人远、危险小。因此，在学习战场作战能力时，回报函数为敌方伤亡人数、己方伤亡人数、弹药消耗量和面临的威胁程度的加权和。在仿真环境下，这个回报函数只有仿真导调控制系统知道，由它对 CGF 实体的每个动作给出回报值。CGF 实体在发出动作之前并不知道，动作发出后通过感知行为获得。

3. 状态转移函数确定

状态转移函数根据状态空间和动作空间运用领域知识确定。如白天发现敌人,如开火则进入白天交战状态;如天黑了则进入黑夜交战状态;如撤退则进入黑夜运动状态。

4. 选择动作的方法

上述在线学习算法没有指明 CGF 实体如何选择动作。一个明显的策略是,在状态 s 时,选择使 $\hat{Q}(s,a)$ 最大化的动作。然而,使用此策略存在风险,CGF 实体可能过度地束缚在早期训练中有高公值的动作上,而不能够探索到其他可能有更高值的动作。如在象棋对弈中,可能存在这样一种情形:可以吃掉对方一个马,也可以向前走卒,显然这时选择吃马的动作收到的立即回报要大些,但说不定因此陷入困境,而选择走卒可能当前回报小些,但不久可能置对方于死地。这时如果按 $\hat{Q}(s,a)$ 最大化来选择动作,则走卒动作永远也不会选择到,而前面递归算法的收敛性条件之一是每个状态—动作对被频繁访问。显然,如果总选择使当前 $\hat{Q}(s,a)$ 最大的动作,将不能保证动作空间的所有动作都学习到。要解决这个问题,最容易想到的是使用随机数方法,但是这种方法在动作选择时不能考虑公值,收敛速度较慢。这里运用概率的方法来选择动作:有较高公值的动作被赋予较高的概率,但所有动作的概率都非零,这样可保证每个动作都有可能训练到。赋予动作概率的方法如式(6-11)所示:

$$P(a_i \mid s) = \frac{k^{\hat{Q}(s,a_i)}}{\sum_j k^{\hat{Q}(s,a_j)}} \qquad (6-11)$$

$P(a_i|s)$ 表示 CGF 实体在状态 s 时选择动作 a_i 的概率,$k > 0$ 为一常数,它表示此选择优先考虑高 $\hat{Q}$ 值的程度。较大的 k 值会将较高的概率赋予超出平均 $\hat{Q}$ 的动作,反之,会使其他动作得到较高的概率。

5. 提高学习效率的途径

在线学习效率是 CGF 实体学习时不能回避的一个问题。除了通过深入的领域分析缩小状态空间外,改进学习效率的第二个途径是存储过去的状态—动作转换信息。这是一种以空间换取时间的策略。由前形式化分析可知,更新的 $\hat{Q}(s,a)$ 值是由后继状态 $s' = \delta(s,a)$ 的 $\hat{Q}(s,a)$ 值确定。如果存储过去的状态—动作转换,以及相应收到的立即回报,然后周期性地在其上重新训练,减少了许多不必要的重复训练次数,提高学习的效率。

第7章

计算机生成兵力的协同行为

7.1 引 言

现代战争以群体性的体系对抗为主。在作战活动中群体行为的一个显著特征就是作战实体之间相互配合,合力完成作战任务。群体内的各个个体密切协同,实现信息资源共享,形成较强的体系作战能力,尤其是在一体化联合作战条件下,参战兵力多元,指挥关系复杂,要取得合力制敌的作战效果,要求各个作战行动保持高度协调一致,进行协同配合,才能发挥最大作战效能。

在作战仿真中,如果忽略了对协同作战行为的描述,作战过程将不能真实地反映实际战场行为,也就使得作战仿真结果的可信度大打折扣。因此,模拟作战实体在各种约束条件下,根据当前的态势进行协同作战成为 CGF 研究中的关键技术之一。

协同行为建模是战场人类行为建模的重要组成部分。如何能够在有众多实体参战的作战仿真中描述这种协同行为已越来越成为国内外研究团体和个人的研究热点之一。

协同技术的提出始于多 Agent 系统和自动机器人领域,这两个领域的研究对象 Agent、自主机器人和作战仿真系统中的指挥实体有本质上的共同点。因此,目前有关作战协同行为的理论和技术多源于多 Agent 系统和自动机器人领域。

实现协同的前提是每个主体在合适的时间做正确的事情。从而达到：

（1）避免不必要的、冗余的作战行动。

（2）满足最后期限的要求。

（3）预先提供以后需要的有促进或有帮助的信息。

（4）平衡各个兵力间的任务。

协同的完成是以实体间的通信为基础的。实体间的协同明显地增加了行动效率，减少了单一实体行动的复杂度。协同既是行动冲突问题解决的方案，同时也是对行动的最优化。

CGF 的协同以多个 CGF 实体组成的团队为研究对象，分析在这一团队中，多个 CGF 实体间群体行为（如协作、协商以及通信等行为）对 CGF 实体个体决策和行动的影响。

按照 CGF 的应用范畴，CGF 协同可以具体为作战协同。作战协同是各种作战力量为形成整体作战能力，按照统一的协同计划，在行动上所进行的协调配合。可以从以下四个方面来理解作战协同这一概念：

（1）作战协同的目的，是"按照统一的协同计划"，"各种作战力量"通过"在行动上所进行的协调配合"，最终"形成整体作战能力"，进而完成作战任务、达成作战目的。

（2）作战协同的实质，就是各种作战力量之间在作战行动中的相互配合、密切协作。

（3）作战协同中的协商，是指两个互不隶属和制约的平行单位指挥员或作战人员，为实现共同目标而自动建立起相互关照、彼此策应的协同关系。他们通过平等协商而不是依靠行使指挥权达成统一行动的目的。

（4）作战协同中的通信，是协同过程（包括协作行为与协商行为）实现的重要手段。

对于 CGF 协同来说，需要明确以下几个概念之间的联系和区别。

CGF 协同（Cooperation）：CGF 实体间通过可通信的协作或其他手段（如社会规范等），保证 CGF 实体任务顺利进行的过程。

CGF 协调（Coordination）：CGF 实体间通过 CGF 协同达到整个系统协调的过程。CGF 协调是战略层面上的问题，是从系统角度考虑如何保证 CGF 协同过程的顺利实现。这里的协调更强调目标性的概念。

CGF 协作（Collaboration）：某一组织内的 CGF 实体通过与组织内其他实体相互配合实现自身（或有利于系统）预期目标的方式。协作是战术层面上的问题，是从实体角度来保证 CGF 协同过程的顺利实现。

CGF 协商（Negotiation）：在 CGF 协作过程中，由于系统内部或外部的变化，引起 CGF 实体间出现冲突或者无法按预期计划实现系统目标，为了保证任务的顺利而进行的相互交流并达成共识的过程。协商是战术层面上的问题，也是保证 CGF 协同顺利进行的一种方法。

7.2 协同机制

CGF 实体做出决策，并将协同命令或请求发送到对应 CGF 实体。在这种情况下，协同机制可划分为以下三类：

（1）通过处理动作时序减少因不完全观察而引起的不确定性。属于这类机制的有调度、规划、时间线、约定和承诺。例如，为举行面对面会谈，会谈双方需要约定某个将来的时间和会谈的地点。

（2）通过制定行动规范去减少因环境的动态性而引起的不确定性，属于这类机制的有法律、规则和社会行为准则。例如，车辆行驶均遵守右行规则，可以使撞车事故减少到最低限度。

（3）通过正式或非正式的组织结构以及适当的协商手段去解决协同作战过程中出现的冲突。

在 CGF 实体组织协同的三种协同机制中，第一种机制是最为常用的，各个实体按照作战行动方案进行协同，该行动方案的核心内容是作战时序的安排，不同的 CGF 实体按照作战时序的安排完成各自的任务，这也就意味着各个不同级别的 CGF 实体已经按照时序进行动作而实现行动协同。第二种协同机制是 CGF 实体按照事先制定好的规则完成动作，以此到达行动协同的目的。这种方法对于 CGF 实体战术协同的实现较为普遍。第三种情况则是在多个实体的行动发生冲突的情况下，既没有既定的行动时序安排，也没有设计好的规则可循，在这种情况下，行动冲突由 CGF 实体之间通过协商来解决。

由 CGF 实体组织协同的三种机制往往综合应用，紧密结合，这样能够取得更好的协同效果。在作战仿真系统中，环境的动态性和每个 CGF 实体对信息获取的不足所引起的不确定性是行动协同难以协调的主要根源。为克服该问题，给每个 CGF 实体建立关于合作问题求解的清晰模型是必要的。模型不仅要描述合作过程按规划正常进展时实体如何动作，还须说明意外事件发生时应如何处理。

7.3 典型协同行为建模框架

基于协同机制所构建的协同行为模型框架包括 Steam、GRATE、协作和协商行为建模框架等。

7.3.1 Steam

Steam 是由 Milind Tambe 教授领导的 Teamcore 研究小组,在 Soar 认知体系结构的基础上,基于联合意图理论和共享计划理论开发的通用协同行为框架,该框架可以实现数量相当于班组级别的虚拟实体的协同,同时考虑了通信代价问题。

Steam 成功应用于美国军方 STOW - 97 系统中的协同直升机攻击子系统以及协同直升机运输子系统中,同时也应用到了 Robocup - 97 虚拟球员的协同行为中,表现出了一定的实用性。

Steam 将 CGF 实体的协同过程分为三个阶段:

(1) 团队任务的建立,用于形成联合意图。

(2) 团队任务的执行,依据任务的分解与分配,以及任务之间的关系,虚拟实体完成各自任务。

(3) 团队任务执行状态的监控与修复,用于对团队行为执行状态的监控,在任务执行失败,依据特定的原则对团队任务进行修复。

Steam 协同行为框架的结构如图 7 - 1 所示。

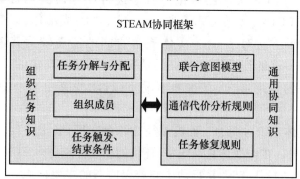

图 7 - 1 Steam 协同行为框架示意图

从图 7 - 1 中可以看出,Steam 知识库可以分为两部分:组织任务知识与通用协同知识。组织任务知识和通用协同知识之间遵循一定的表示规范,确保知识之间能够互相调用。联合意图模型是一组交互规则,完成联合意图的建立与团队任务执行状态的监控功能,为了支持联合意图模型组织任务知识需明确表示组织成员、任务的触发条件与结束条件等。

通用协同知识的提取使得 Steam 在模拟团队协同行为时具有一定的灵活性,推动了协同行为建模的研究。但也存在一定的不足,如在联合意图建立过程中,只有大家提议建立同一团队任务时,才能通过交互协议建立联合意图,当团队成员之间意见不一致时,无法通过交互使得团队成员达成一致意见。同样在联合结束团队任务时,也存在同样的问题。而在作战过程中,经常会出现团队成员对战场态势感知不一致的情况,导致成员不可避免地会出现意见不一致。

7.3.2　GRATE

另一个具有代表性的协同行为建模框架是由 Jennings 等人提出的 GRATE (Generic Rules and Agent model Testbed Environment)。GRATE 框架基于联合责任理论实现,主要用于实现二人小组的协同。GRATE 框架将 CGF 实体体系结构分为两部分:领域层(Domain Level System)和协同控制层(Cooperation & Control Layer)。领域层处理领域内的问题,主要以任务形式加以描述。协同控制层对领域层进行控制,保证实体在领域层的行为和其他实体行为相协调,确定实体何时执行何种领域任务。协同层包括三个问题求解模块,各模块之间通过消息传递进行通信。其中,控制模块(Control Module)负责和领域层接口;态势评估模块(Situation Assessment Module)决定本地需要执行的动作以及和其他实体协作;协同模块(Cooperation Module)主要与熟人模型(Acquaintance Models)和自身模型(Self Model)进行交互,负责处理实体的社会行为,包括新交互的建立、正在进行的协同行为维护,以及对其他实体发起协作响应等。其中,熟人模型和自身模型是对其他实体和局部领域知识表示所建立的模型。

GRATE 框架的主要缺陷在于联合责任的应用只能在两层联合目标或者联合计划之内,缺乏领域上的通用性和一定的灵活性。

7.3.3　协作和协商行为建模框架

协作是具有相同隶属关系的实体之间的协同。这些实体在共同的上级指挥下统一行动。最常见的协作方式是根据上级的协同方案进行协作。

协商在《辞海》中的解释为:为了取得一致意见而共同商量。可见,以人为主体的协商行为是避免冲突或解决冲突的一种手段。协商,是指两个互不隶属和制约的平行单位指挥员,为实现联合目标而自动建立相互交流、达成共识的协同行为方式,他们通过平等协商而不是依靠行使指挥权达成统一行动的目的。根据协调职权运用的方式,可分为双向直接协商、互派代表协商、中介机构协商。双向直接协商是指两个作战单位(人员)在无上级主持情况下直接协商,是作战中经常、大量使用的一种协商方式。

协作和协商是普遍存在于作战过程中的两种协同行为。当态势发生变化时,可能会出现某个作战人员无法完成当前任务或者多个作战人员之间出现信念、愿望和目标等的冲突,作战人员会根据情况判断进行任务协作或者协商,以保证任务协同的顺利进行。因此,CGF 协同行为建模框架需要具有协作与协商行为的表示功能。

根据上面的要求,从 CGF 实体的协作和协商出发建立的 CGF 行为建模框架如图 7 - 2 所示。

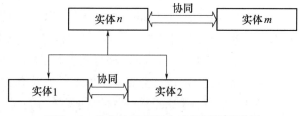

图 7 - 2　协作和协商行为建模框架示意图

在图 7 - 2 中,既存在协商关系,不具有直接隶属关系的实体(如图 7 - 3 中的实体 n 和实体 m)之间的作战协同(如作战实体和火力支援实体、后勤保障实体之间的协同),也存在协作关系,即具有直接隶属关系的实体(如图 7 - 3 中的实体 1 和实体 2)之间的作战协同。如同一个上级的不同实体之间在行动上发生冲突时所进行的协同(如目标的火力分配等)。

7.4　计 划 协 同

所谓计划协同,是按协同计划组织作战协同行动。协同计划的主要内容是:在上级任务的要求下,根据敌人可能的行动,各参照兵力的任务、行动程序相互配合的方法,以及配合行动的实际与方法,指挥方式与指挥关系,协同信号规定等。

在作战仿真系统中,协同计划的存储方式包括文本文件、XML 文档、数据表等。参与协同的 CGF 通过解析协同计划内容,找出自己在协同计划中的相关内容,根据该内容的要求,分析自己完成任务所需要采取的一系列措施。

　　基于计划的协同一般按照时间顺序编制协同行动计划,参战兵力 CGF 根据时间要求,根据决策模型计算自己完成按照协同计划完成任务需要采取的机动、火力行动,并按照该行动方案执行。

　　如在装甲部队的地面进攻战斗中,根据敌我态势,装甲部队需要炮兵火力支援、空中火力支援。因此,在作战计划中,预计装甲部队的作战进展,制定炮兵火力支援和空中火力支援的时间点,实现装甲部队、炮兵和空中力量的作战协同,最大化提高作战效能,同时避免伤及我方兵力。这一协同计划如图 7-3 所示。

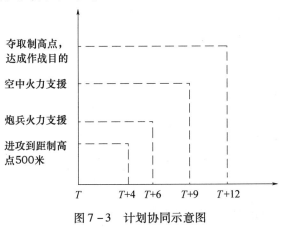

图 7-3　计划协同示意图

7.5　按指挥级别进行协同

7.5.1　含义

　　采用协商的方式进行协同与作战中的快速决策以及下级服从上级的原则有着方式上的本质区别,在作战中,大量实体之间存在的是上下级关系,而不是平等的协商关系,因此,在体现平等协商的同时,还要考虑按照指挥级别进行作战协同。

　　按照指挥级别进行作战协同是在需要进行协同的场合,由这一行动中具有最高指挥级别、最高优先级的指挥实体制定协同方案并监督协同行动的执行。

7.5.2　协同方案的产生

　　发生冲突的多个 CGF 实体需要制定一个协同行动方案完成作战协同。每一个实体首先需要判断自己在这次协同行动中的角色,如果它是这次协同行动的最高级别指挥者或具有在冲突范围内的最高优先级,他就是这次行动的组织者。反之,他就必须等待该协同行动中的最高级别指挥实体发布协同消息,如果这些实体的级别不具有可比性,这些实体需要将他们的协同行动请求发送给他们共同的上一级,上一级指挥实体根据下级实体发送的组织协同行动的请求,将根据规则指定谁是这一行动的组织者。

协同行动的组织者要承担以下工作:

(1) 鉴别参与协同的所有实体。

(2) 让参与协同行动的所有实体都接受协同行动方案。

(3) 设计协同行动方案。

上述过程实现的流程如下:

若探测到冲突信息,则

{

判断自己的级别

{

如自己不是本次行动最高级指挥能力的实体

{

等待最高级别实体制定协同行动方案并接受

}

如自己是本次行动的最高级指挥能力的实体

{

制定协同方案

}

如本次行动的所有实体的级别不具有可比性

{

由事先制定的规则制定协同方案制定实体

}

}

若协同行动方案制定完毕,则

{

发出协同行动方案

}

若收到协同行动方案,则

{

根据方案行动

}

通过上述流程,即可建立协同行动。

7.5.3　协同行动的实施

协同行动的组织者根据对态势的分析,制定了协同行动方案后,根据该方案监控协同行动的执行。协同行动的执行过程如图7-6所示。

一旦协同行动开始执行,协同行动的组织者就必须监控协同行动的执行过程。为使协同行动的实现可行,如下的假设必须成立:

(1) 通信十分安全且消息延迟为所有实体可知。

(2) 实体间的目标近似地表示为一层嵌套,而非无穷的嵌套。

(3) 系统有统一的时钟,以便于行动的协调。

(4) 实体能以合理的精度预测每个活动的执行时间。

基于 HLA/RTI 对实体和时间的管理机制,以上假设都是现实可行的。

第 **8** 章

计算机生成兵力的机动行为

8.1 引 言

CGF 机动行为是指 CGF 为达成作战目的,在虚拟战场上进行有组织、有计划的兵力转移活动。CGF 机动行为主要包括路径规划、队形保持和队形变换三个方面的行动。CGF 机动行为受到机动主体、机动方式、地质、地物、地貌、水文、气象、人工障碍物等因素的影响,还因其对应的环境模型不同也不尽相同。

8.2 路 径 规 划

CGF 路径规划是指按照某一指标使 CGF 找到一条从开始点移动到目的地的优化路径。所谓最优路径,包括两个方面:一是避开天然和人工的障碍,以及一些战场威胁;二是寻找某种约束条件下的最优化,通常是最短的路径。

CGF 的路径规划可以描述为在带有耗费的加权图中查找从起始位置到目标位置的最优路径,问题空间被表示为一组 CGF 的位置状态及连接它们的边,每条边都有相应的耗费值。从状态 X 到 Y 的耗费由边的耗费函数 $c(X,Y)$ 表示(正值),如果 X 没有到 Y 的边连接 $c(X,Y)$ 没有定义,状态 X 和 Y 是邻接的,则 $c(X,Y)$ 和 $c(Y,X)$ 定义为 X 到 Y 的边耗费。路径表示为从起始位置到目标位置的顶点序列,CGF 从某一位置状态开始沿路径的顶点序列移动到下一个状态(导致相应的耗费)直到到达目标位置。由于战场环境的不确定性和动态性,

CGF 在沿规划的路径前进时可能发现路径的耗费发生了改变,而 CGF 的最终目的是到达目标位置,路径规划保存 CGF 当前位置到目标的优化路径比保留起始位置到当前位置优化路径更为有利。因此,在进行路径的规划时从目标点位置开始扩展,除了目标点以外每个已访问的状态 X 都有一个指向下一个状态 Y 的后向指针,表示为 $b(X) = Y$,利用后向指针表示当前位置到达目标的路径。

路径规划是 CGF 研究领域的关键技术之一。而 CGF 实体路径规划的关键技术是搜索算法的选取和规划策略的定义。搜索算法和规划策略的选择或自主设计是实体航行效率和安全的保证,算法必须保证运动 CGF 实体有足够的时间对自然态势(如障碍物和敌对实体)做出足够快的反应,才能确保路径规划的有效性。

CGF 实体路径规划一般分为三种类型:静态规划、动态规划和综合规划。静态规划是根据作战方向,预先在 CGF 实体行进前通过确定初始位置、目标位置、关键导航点、一般导航点,并利用路径优化搜索算法确定出一条最优路径,CGF 实体只能按照预定路线运动。动态规划是指在仿真运行过程中,CGF 实体的运动路径是通过偶然事件触发临时确定的,规划方法同静态规划。综合规划是静态规划与动态规划两者的结合运用,首先通过静态规划确定好一条预先路径,当 CGF 实体在仿真运行过程中因突发事件需要改变方向时,再改变原有运动路径。

在以上三种路径规划方法中,静态规划由于是预先规划路径,在仿真运行期间大大降低了系统负荷,有效地提高了系统运行效率,但由于不能临时改变 CGF 实体的运行路径,因此不能够实时反应战场偶然变化引起的 CGF 实体作战行为变化。动态规划的路径确定由于是在仿真运行过程中进行计算得出,占用了较多的系统资源,对系统运行的实时性影响较大,仅适用于偶然性、短周期的战术行动仿真。综合规划兼顾了静态规划和动态规划的优点,不仅最大程度地考虑了作战的偶然性因素,而且显著地提高了系统的实时性、高效性、逼真度。

根据对环境信息获取的程度不同,路径规划可分为两种类型:

(1)环境信息完全已知的全局路径规划,又称静态或离线路径规划。

(2)环境信息完全未知或部分未知的局部路径规划,又称动态或在线路径规划。

8.2.1 全局路径规划

全局路径规划是指根据先验环境模型找出从起始点到目标点的符合一定性

能的可行或最优路径,全局路径规划可以分为宏观规划和微观调整两部分。宏观规划是从战场的整体态势出发生成一条无碰撞的路径。局部调整则是在仿真运行过程中,当沿着规划路径前进过程中出现局部的不可逾越的障碍时,采取一定的规避运动。从全局角度看,CGF 实体按照宏观规划目标完成任务,而从微观角度看,CGF 实体在运动过程中又保持了一定的局部灵活性和智能性。全局路径规划涉及的根本问题是世界模型的表达和搜寻策略,即环境建模和路径搜索策略。在此领域已经有了许多成熟的方法,主要有可视图法、拓扑法、栅格法、自由空间法、概率路径图法、A* 算法以及 D* 算法等。

可视图法将 CGF 实体看作一个点,基于虚拟环境中起始点、目标点及障碍物之间的连线构造出可视图,将搜索最优路径的问题就转化为从起点到目标点经过可视图中直线的最短距离问题,这一方法概念直观,实现起来比较简单。而且,为进一步简化生成的可视图,进而缩短搜索路径所花费的时间,可以适当删除一些不必要的连线。但可视图法也存在着固有的缺陷,主要是由于该方法的构建依赖于起始点、目标点和障碍物,一旦目标点和障碍物发生改变,可视图就必须重构,灵活性差。

拓扑法通过采用降低问题维数的思想,将在高维集合空间中求路径的问题转化为低维拓扑空间中判别连通性的问题。拓扑法的优点在于利用拓扑特征大大缩小了搜索空间,算法复杂性仅依赖于障碍物数目;缺点是建立拓扑网络的复杂度高,特别在增加障碍物时如何有效地修正已经存在的拓扑网是有待解决的问题。

栅格法把虚拟环境看作由一系列网络单元组成,并在栅格上完成路径搜索。该方法对环境的分解过程简单,容易实现,并且可以根据不同的要求来改变划分的栅格单元的大小,具有很强的适应性。但是,当栅格单元的数量很大时,搜索空间也会随之变大,算法所需的存储空间和处理时间也将变大,从而使得实时处理变得困难。

自由空间法较为灵活,它将所处环境分为自由空间和障碍空间两部分,通过构造自由空间的连通图来进行路径规划,且起始点和目标点的改变不会造成连通图的重构。此方法的缺点是计算量特别大,并且当障碍物发生变化或移动时,连通图也需要进行重构,算法的复杂程度与障碍物的多少成正比。

概率路径图法(Probabilistic Roadmap Method,PRM)是目前被广泛用于路径规划的一种方法,它与可视图方法有些类似但却存在不同之处:路径图在构形空间中不是以确定的方式来构造,而是使用某种概率的技术来构造的。概率路径图法的复杂度主要依赖于寻找路径的难度,跟整个规划场景的大小和构形空间的维数基本无关。

A*算法是一种在静态路网中求解最短路径的有效的启发式算法。所谓启发式是指在选择下一步节点时,可以通过一个启发函数来进行选择,选择代价最少的节点作为下一步节点而跳转其上。一个经过仔细设计的启发函数,往往在很快的时间内就可得到一个搜索问题的最优解,对于 NP 问题,亦可在多项式时间内得到一个较优解。

A*算法作为启发式算法中很重要的一种,被广泛应用在最优路径求解和一些策略设计的问题中。通过利用启发式信息,缩小了搜索范围,提高了搜索效率,这也是 A*算法得到广泛应用的主要原因所在。A*算法最为核心的部分,就在于它的估价函数的设计上:

$$f(n) = g(n) + h(n)$$

式中:$f(n)$ 表示节点 n 从初始点到目标点的估价函数,表示在状态空间中从初始节点到 n 节点的实际代价,表示从 n 节点到目标节点移动路径的估计代价,也是启发式搜索中最为重要的一部分。要保证找到合适的移动路径,关键在于估计代价的选取。若小于节点 n 到目标节点的距离实际值,则这种情况下搜索的点数多,搜索范围大,效率低,但能得到最优解;若大于节点 n 到目标节点的距离实际值,则这种情况下搜索的点数少,搜索范围小,效率高,但不能保证得到最优解;若与节点 n 到目标节点的距离实际值越接近,估价函数取得就越好。

D*算法在启发式搜索算法 A* 上改进而来,解决了重新规划路径的时间问题。D*首先利用已知的、假设的或估计的耗费信息规划一条路径并开始沿路径向目标移动,在执行过程中每当获得新的耗费信息迅速重新规划。D*算法是一个增量式的算法,它维护一个部分优化的耗费图,每当路径耗费发生变化时它将耗费的改变信息增量式地在图中状态进行传播,减少了计算的时间,能较好地满足实时应用。但 D*算法在状态间传播耗费改变时没有考虑在当前状态下如何进行扩展更有效。如同 A*算法,D*算法也可利用启发性信息引导搜索的方向以减少状态扩展的数量。通过结合 CGF 路径规划的启发信息对 D*进行扩展,利用同 A*相似的启发函数引导 D*状态扩展可进一步减少时间耗费,提高战场环境下 CGF 实时路径重新规划的效率。

8.2.2 局部路径规划

局部路径规划方法侧重考虑当前的局部环境信息。与全局路径规划方法相比,局部规划更具实时性和实用性,对动态环境具有较强适应能力;其缺点是由于仅依靠局部信息,有时会产生局部极值点或振荡,无法保证能顺利地到达目标点。局部路径规划的主要方法有:人工势场法、模糊逻辑算法、遗传算法和基于神经网络方法。

人工势场法计算简单、实时性好,在实时避障和平滑轨迹控制方面得到了广泛应用;其不足之处在于存在局部势场零点,因而可能使移动主体在到达目标点之前就陷入其中而无法脱离,同时,势场法所遵循准则也存在着固有缺陷。

模糊逻辑算法计算量小,易做到边规划边跟踪,能满足实时性要求。但是,算法中模糊隶属函数的设计、模糊控制规则的制定主要靠人的经验,如何得到最优的隶属函数以及控制规则是该方法最大的问题。

基于神经网络方法具有计算简单、收敛速度快的优点。

8.3　避开障碍物

CGF 实体避开障碍物实际要解决的是实体之间的干涉和碰撞。这是 CGF 领域研究中的一个重要问题。磁撞问题牵涉到碰撞检测和碰撞响应两部分内容。碰撞响应的任务是对发生的碰撞采取符合自然规律或人为预先设计的规律的反应动作。碰撞检测的任务是自动提供几何模型之间正在发生或者即将发生的接触信息。

碰撞检测问题按运动实体所处空间可以分为二维平面碰撞检测和三维空间碰撞检测。关于平面碰撞检测问题的研究主要有三个方面,包括可碰撞、可移动区域和最初碰撞部位的检测,关于三维空间碰撞问题的研究一般有可碰撞和碰撞规避两个方面。所谓可碰撞问题就是实体 A 和 B 的空间沿给定轨迹移动时是否发生碰撞。可移动区域就是实体 A 沿给定的规律运动,而不与实体 B 发生碰撞的所有可能运动的区域,最初碰撞部位的检测就是当实体 A 以给定的运动规律运动,并将与实体 B 发生碰撞时,检测它们在最初发生碰撞时的接触部位。碰撞规避的目标就是使两个或者多个实体能进行无碰撞运动。

这里以坦克路径规划为例,如图 8 - 1 所示。坦克规划的路径,在可通行的基础上,以最短为原则。坦克路径规划经过的战场区域中,特征物主要有四个:火力压制区、染毒地段、雷区和树林。

战场环境中的特征物,从通行性角度考虑都可以看成是障碍物。因此,CGF 路径规划实际上主要是解决障碍物通过问题。

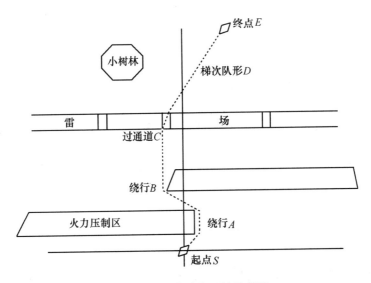

图 8-1 坦克冲击区域示意图

8.3.1　圆形避障

圆形避障针对战场环境数据库中的点状信息（即网格索引信息），一般是独立树、屋等，如图 8-2 所示，当路线 SE 与圆形障碍物相交时，需要对路线进行重新规划，即在 S 点和 E 点之间插入一些节点，使得路线能够绕过障碍物。

其算法如下：

（1）以战场环境中点状信息的坐标 O 为圆心，以 $2r$（r 为圆形避障半径）为半径作圆，求出与线段 SE 的两个交点 A 和 B，将这两个点插入到链表中。

（2）求出通过 A、B 的切线相交的两个点。

（3）算出其中距离圆心 O 较近的点，记为 P，将 P 插入到链表中，算法成功退出。

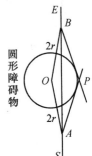

图 8-2　圆形避障示意图

通过规划，可得到最后的路线为 (S,A,P,B,E)。

8.3.2　多边形避障

多边形避障针对战场环境中的面状信息特征，例如炮火压制区、染毒区等。其方法如图 8-3 所示。

图 8 - 3 中,路线 SE 与多边形障碍物相交时,这里采用沿多边形边缘行进的方法进行路径规划。其算法如下:

(1)得到多边形中与 SE 相交的两条线段 AB 和 CD,并按交点与 S 点的距离分为近边和远边。

(2)得到近边的两个端点到 SE 线段上的垂点 P_2 和 P_3,将距离 S 点更近的点 P_2 在朝 S 点的方向上扩展一段距离,这个距离与 AB 的大小成正比(在扩展时不与其他障碍物相交),得到 P_1,将 P_1 插入链表。

(3)将远边上的两个端点按照与(2)中相反的方法得到 P_6,将 P_6 插入链表。

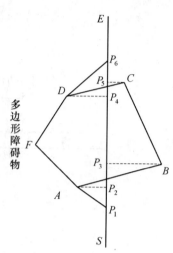

图 8 - 3 多边形避障示意图

(4)从近边两个端点中选择距离 S 点较近的一方,沿多边形的边缘将各个端点插入到链表,直到到达远边上的点,算法退出。

8.3.3 过通道

过通道的情况在战场环境中很多,典型的有雷场通道、桥梁、隧道等,在仿真过程中,CGF 实体过通道采用的是二次抛物线法,如图 8 - 4 所示。

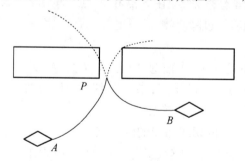

图 8 - 4 抛物线法过通道示意图

其算法如下:

(1)指挥员下达过通道命令时,取 CGF 实体位置 $A(B)$,通道口位置 P 和通道方向。

(2)以通道口 P 为原点,通道的法向并且过原点的直线为对称轴,做一个通过 $A(B)$ 点的抛物线。

（3）已知两点可以很快求出抛物线系数 a，得到抛物线方程 $y = a \times 2$。

（4）根据抛物线方程计算过 $A(B)$ 点的切线方向。该切线即为 CGF 实体通过通道的方向。

8.4 队形保持

团队 CGF 为了提高防御和进攻能力，在机动行进过程中要保持一定的队形，这就是所谓的编队行进，编队行进问题是一个具有典型性和通用性的团队 CGF 协调问题，是许多协调问题研究的基础。团队组织结构是团队协调、协作和协同工作的基础。因此，团队的组织结构在队形保持中起着重要的作用。

基于行为的编队控制方法可以分为两类：一是 Brooks 的行为抑制法，即在每一时刻，编队任务被具体化为某个子行为；二是 Arkin 的控制变量的矢量累加方法。即在每一个时刻，对三个子行为分别求出控制变量，然后进行矢量累加而得到综合的控制变量。这两类方法各有利弊，Brooks 的方法在每一时刻控制变量都有明确意义，但是由于不停地在各个子行为之间进行切换，控制结果不平滑，而完成任务所需要的时间较长；Arkin 的方法完成任务速度较快，但是控制意义不明确，而且把每个子行为平等看待，因此各个子行为之间相互干扰，从而影响了整体的控制效果。

8.5 队形变换

队形变换，是由一种队形变为另一种队形的行动。本节以坦克编队作为研究对象开展 CGF 团队队形变换方法的研究。

在团队 CGF 队形变换中，需要考虑三个方面的关键问题：一是 CGF 团队队形的描述方式；二是在行进过程中各实体的速度和方向如何确定；三是队形变换的控制如何实现。以下以坦克编队的队形变换为例展开研究。

8.5.1 问题引出

坦克编队队形是坦克编队共同行动时，按照编成和部署列成的队形形式。战斗中对坦克编队队形的要求是：适应当时敌情、地形和所担负的任务，符合作战意图，有重点地把较强的兵力兵器集中使用于主要方向；有利于指挥与协同；

便于疏散、隐蔽、机动和减少伤亡;能充分发扬火力和利用其他兵种火力突击的效果;有利于提高攻击速度和保持连续的攻击能力。

以坦克排为例,坦克排的队形按其形式和作用可分为:行军队形、疏开队形和战斗队形三种。

坦克排共有七种战斗队形,如图 8 – 5 所示:

（1）横队,它的使用时机是:战车穿越危险的区域,且旁边有其他友邻提供掩护火力或突击敌人的据点。

（2）V 字队形,这个队形可以提供有效的控制及保护,但正面的炮火比较弱。它的使用时机是:移动受到地形限制或坦克排内部需要炮火掩护。

（3）左(右)梯形,用此种队形时正面与一边的侧翼都有强大的炮火。它的使用时机是当另一个排的一侧暴露出来的时候,梯形队形可以用来掩护这个缺口。

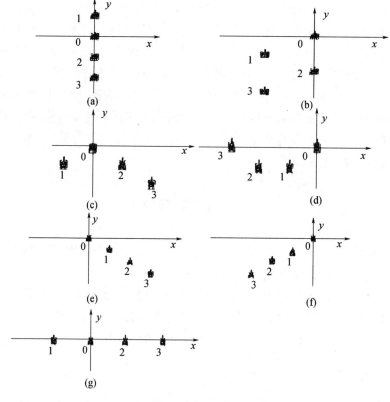

图 8 – 5　坦克排的七种作战队形

（a）纵队;（b）交错队形;（c）楔形队形;

（d）V 字队形;（e）右梯形;（f）左梯形;（g）一字队形。

（4）楔形队形，采用这种队形时，正面拥有较强的炮火，翼侧的防护火力也不错。使用时机是：坦克排有其他的单位提供炮火掩护，而且是在开阔或起伏不定的地形中前进。

（5）交错队形，采用这种队形时，不论侧翼或正面都可以获得有效的防护。它的使用时机是：地形狭隘、可能与敌人遭遇且车队必须迅速通过。

（6）纵队队形，采用这种队形时，侧翼拥有绝佳的保护，但正面火力较弱。采用的时机是：车队必须迅速前进，穿越非常狭隘的地形且不大可能与敌人相遇。

8.5.2 队形变换方法

队形变换的典型方法包括以下两种：

（1）直接变换法：当接到上级的指令后，各车分别按照事先计算好的速度和方向向预定的方向开进，当完成队形变化后保持队形前进。这种方法思路简单清晰，不足之处在于只考虑了初始状态和最后状态，没有考虑整个变化过程，所以在整个变化过程中速度与方向是不变的，与实战要求不符。

（2）逼近法：该方法要求事先建立 CGF 队形变换的数学模型，在变化过程中，驱动基准车前进，其他车在跟进过程中以基准车为参照物，判断出本车在目标队形中的相对位置，不断修正本车的速度和方向，向预定位置逼近。逼近法的优点在于考虑了整个变化过程，在整个变化过程中速度与方向是不断变化的。

以下介绍采用逼近法实现坦克排的队形变换。

8.5.3 基于逼近法的队形变换

要想实现团队的队形变换，必须先知道其数学描述，即团队中每个成员的坐标、相对位置等信息。为了确定每个成员在队形中的位置，必须在编队中选取一个参考点。参考点的选择通常有两种方法：一种是选取团队中的一个成员为参考点，其他成员以其为参照物进行比较，得出队形中自己的位置坐标；另一种方法是将使用均值法求取整个编队的平均坐标，其作为将编队的参考点，每个成员以此来确定自己的位置。在实际应用中，第一种方法队形变换时被打乱的时间较短，第二种方法队形变换时被改变的幅度较小。

1. 队形的数学描述

图 8-6 所示的为坦克排的交错队形的数学描述。

以基准车为原点，基准车与第 i 车的连线与 x 轴正向夹角为 alfa，基准车与

第 i 车的距离为 distance, 则第 i 车坐标 Pos[i] 为(distance * cos(alfa), distance * sin(alfa)), 则:

第 1 车坐标为(distance1 * Cos(alfa1), distance1 * Sin(alfa1));

第 2 车坐标为(0, −distance2);

第 3 车坐标为(distance3 * Cos(alfa3), distance3 * Sin(alfa3))。

式中: distance1、distance2、distance3、alfa1、alfa2、alfa3 等数据均能根据战术条例条令查到, 它们在程序中队形参数的初始化时给定, 其他队形亦如此。

在图 8-7 的坐标系中, 0 车是基准车, 1 车是跟随车现在的位置, 1′车是跟随车预定达到的位置。$(x-y)$ 坐标系是战场全局坐标系, $(x-y)$ 坐标系是以基准车为原点的局部坐标系。

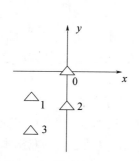

图 8-6　坦克排的交错队形

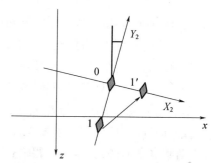

图 8-7　逼近法队形变换示意图

pos_future —— 跟随车预定到达位置的坐标。

distance —— 1 车和 1′车间的距离。

pos_related —— 目标队形中 1 车相对于主车的位置。

direction —— 主车方向(队形方向)。

当接到队形变换的指令时主车处于图示位置, 跟随车处于 1 车所在的位置, 为了计算 1 车的速度和方向, 这里首先要确定 1 车现在应处于什么位置, 根据图 8-7, 坦克排队形变换计算公式如下:

```
pos_future.x = pos_main.x + pos_related.x * cos(direction) + pos_re-
lated.y * sin(direction)
pos_future.z = pos_main.z − pos_related.x * sin(direction) + pos_related.
y * cos(direction)
```

式中: pos_related.x、pos_related.y 是在横队中 1 车相对于主车的值。设跟随车未来位置与现在位置的差值为 pos_delta, 则有:

```
pos_delta.x = pos_future.x − pos_following.x
```

pos_delta.z = pos_future.z – pos_following.z

那么跟随车应前进的距离为 distance = sqrt(pos_delta. x2 + pos_delta. z2)。

根据战术规定要求给定的队形变换时间 time,则可求出 1 车相对于主车的速度(velocity):

velocity = distance /time

关于在变换过程中的方向问题,可以通过正切值进行判断。设方向角为 target_alpha、方向角的正切值为 tan_alpha,有:

tan_alpha = atan(fabs(pos_delta.x /pos_delta.z))

当 pos_related. x >0 和 pos_related. z >0 时,target_alpha = 3. 14 + tan_alpha;

当 pos_related. x <0 和 pos_related. z >0 时,target_alpha = 3. 14 – tan_alpha;

当 pos_related. x >0 和 pos_related. z <0 时,target_alpha = – tan_alpha;

当 pos_related. x <0 和 pos_related. z <0 时,target_alpha = tan_alpha;

当 pos_related. x =0 和 pos_related. z >0 时,target_alpha = 3. 14;

当 pos_related. x =0 和 pos_related. z <0 时,target_alpha = 0。

通过上述计算,实现了坦克排队形变换中各个成员的行进速度和方向。

第**9**章

计算机生成兵力的火力行为

9.1 引　言

武器装备的火力行为包括目标探测、目标识别、目标威胁判断和目标火力分配共四个方面。

目标探测和目标识别与装备的具体型号有关,有关模型可以查找相关资料,这里不再阐述。目标威胁判断和目标火力分配模型具有通用性和普适性,以下主要对 CGF 的目标威胁判断和目标火力分配行为进行描述。

9.2 目标威胁判断

目标威胁判断的首要工作是对目标类型进行分类,然后对于接近己方或搜索到的目标按一定的规则判断各类目标的威胁程度。

判断各类目标威胁程度的一般规则是:对影响目标威胁评估的各个属性进行划分,目标在不同的时间、地点和不同机动状态下的威胁程度是不一样的。如距离我方 1km 和 2km 的同速度的敌方导弹的威胁程度差别很大,影响目标威胁程度的主要属性包括距离、方向、机动速度等;采用一定的决策方法建立目标威胁程度的数学模型,通过计算得到目标的威胁程度量化值之后,指挥员将首先选取威胁程度值最大的目标进行拦截或打击。

以水面舰艇为例,水面舰艇对空中目标威胁判断的指标包括:空中来袭目标的威胁系数 R 和空中来袭目标的到达时间 T。

空中来袭目标的威胁系数是与该目标属性相关的一个值,它代表了空袭目标袭击本舰成功的可能性大小及对本舰造成破坏的程度。如对飞机和导弹两类空中来袭目标来说,综合考虑命中概率和破坏程度后,可以认为导弹和飞机的威胁系数都比较大。在不失一般性的条件下,给定目标威胁系数的函数如式(9-1)所示:

$$R = \begin{cases} 1.0 & (目标为导弹) \\ 0.7 & (目标为飞机) \end{cases} \tag{9-1}$$

目标威胁等级是对目标威胁程度的定性粗略划分,定性粗略划分的最重要依据是目标到达时间。因为不论是导弹还是飞机都能够对水面舰艇造成重大的毁伤,所以指挥员比较关心的是这两种威胁何时到来。因此,定性粗略分级时不考虑目标属性,只依据来袭目标到达时间进行威胁等级划分。综合考虑防空武器的反应时间、现装备指控系统的性能,把目标的威胁等级划分为三级:第一级:强威胁;第二级中威胁;第三级弱威胁。划分等级的时间点分别为 $T_1 = 150\text{s}$, $T_2 = 300\text{s}$。如式(9-2)所示:

$$W_{\text{class}} = \begin{cases} \text{I 级} & (0 \leqslant T < T_1) \\ \text{II 级} & (T_1 \leqslant T < T_2) \\ \text{III 级} & (T \geqslant T_2) \end{cases} \tag{9-2}$$

式中:T 为来袭目标飞抵舰艇的时间;W_{class} 为来袭目标的威胁等级。

威胁程度值是表示来袭目标威胁大小的一个数值。主要依据来袭目标的威胁系数和到达时间计算得到。

$$W = R \cdot \text{EXP}(e^{T/500})^{-1} \tag{9-3}$$

式中:R 为目标的威胁系数;T 为目标到达时间(单位:s)。

目标威胁排序是依据来袭目标威胁程度值的大小来对目标进行排序的。排序的规则是:

(1)威胁程度值大者在前,值小者在后。

(2)威胁程度值相等的两个不同属性的目标,导弹在前,飞机在后。

(3)威胁程度值相等的两枚导弹,来袭方向靠近舰艇正横方向者居前。

(4)威胁程度值相等的两架飞机,来袭方向靠近舰艇首位线者居前。

9.3　多目标多平台火力分配

多目标多平台火力分配可以采用多种数学方法解决。以下分别采用运筹方法和兰彻斯特方程,分别针对不同的情况加以说明。

9.3.1　基于线性规划方法的目标火力分配

这里以水面舰艇编队防空过程中的多目标火力分配采用线性规划方法加以说明。

假设水面舰艇编队中共有 n 件防空武器,抗击来袭的 m 个目标,那么水面舰艇编队防空火力分配决策问题实际上就是寻找一个"n 件防空武器"到"m 个目标"的映射,使得防空作战的效果最佳。这里采用火力分配矩阵 $\boldsymbol{D}$ 来描述火力分配方案,矩阵中的行是编队防空武器矢量,列是来袭目标矢量。因此,火力分配矩阵 $\boldsymbol{D}$ 是一个 $n \times m$ 阶的矩阵,如式(9-4)所示:

$$\boldsymbol{D} = \{X_{ik}\}_{n \times m} \tag{9-4}$$

式中:$i = 1,2,3,\cdots,n$, n 为编队武器总件数;$k = 1,2,3,\cdots,m$,m 为来袭目标总批数。

目标火力分配描述如式(9-5)所示:

$$X_{ik} = \begin{cases} 1 & (\text{当第 } i \text{ 件武器分配给第 } k \text{ 个目标时}) \\ 0 & (\text{当第 } i \text{ 件武器未分配给第 } k \text{ 个目标时}) \end{cases} \tag{9-5}$$

且满足:

$\sum\limits_{k=1}^{m} X_{ik} = 1$,即某件武器 i 只能分配给一个目标;

$\sum\limits_{i=1}^{n} X_{ik} \in [0,n]$,即分配给某个目标的武器件数不超过总件数。

水面舰艇编队防空作战的目的有两个:

第一,保证编队舰艇的安全。

第二,消灭来袭的空中目标。

其中前者是主要的、决定性的,往往通过后者来实现。基于以上考虑,采用非线性规划计算方法,得到确定航向下水面舰艇编队火力分配目标函数的计算如式(9-6)所示:

$$Q(D^*) = \mathop{\text{Min}}\limits_{D \in |D|} \sum_{k=1}^{m} \left(W_k \cdot \prod_{i=1}^{n} (1-p_{ik})^N \right) \tag{9-6}$$

式中:W_k 为目标 k 的威胁值,利用威胁判断模型计算得到;p_{ik} 为第 i 件武器对第 k 个目标的拦截概率;N 为第 i 件武器对第 k 个目标的拦截次数。以防空导弹为例,防空导弹对来袭目标的可抗击次数 N 应满足下式的最大值:

$$\alpha^N D_{最远拦截} - \frac{\alpha - \alpha^N}{1 - \alpha} v_t \Delta T \geqslant D_{死区远界} \qquad (9-7)$$

式中:$\alpha = \dfrac{v_m}{v_t + v_m}$;$D_{最远拦截}$ 为防空导弹对来袭目标的最远拦截距离。

$$D_{最远拦截} = \text{Min}\left[R_{导弹}, D_{预警} - v_t(\Delta T + \Delta t)\right] \qquad (9-8)$$

其中:$D_{预警}$ 是预警机能发现目标的最远距离;$R_{导弹}$ 是防空导弹的最大射程;$\Delta t = \dfrac{D_{预警} - v_t \Delta T}{v_m + v_t}$ 为防空导弹从发射点到弹目相遇点的飞行时间;$D_{死区远界}$ 为防空导弹拦截来袭目标的死区远界;ΔT 为防空武器系统的反应时间;v_t 为空中来袭目标的飞行速度;v_m 为防空导弹的飞行速度。

即,在所有可能的火力分配方案 $\{D\}$ 中寻找使多个来袭目标对水面舰艇编队的毁伤威胁最小的分配方案 D^*,即最佳火力分配方案。

水面舰艇编队区域防空作战时,由于目标距离较远,水面舰艇编队的反应时间相对充裕,目标的威胁权重较小。因此,编队防空首先考虑的因素是目标的威胁值。区域防空导弹的转火对象仅是剩余的未被分配武器抗击目标中威胁值最大者。如果所有的目标都被分配了区域防空导弹,则不再考虑为武器分配预备打击的目标。

假设编队中共有 n 件防空导弹,抗击来袭的 m 个目标,当 $n \geqslant m$ 时,每一个目标都已经分配了导弹,没有需要再转火打击的对象。当 $n < m$ 时,各导弹的预备打击目标都是未分配火力的目标序列中的第一个目标。未分配火力的目标序列按照威胁值从大到小排列。但是,由于防空导弹的禁止射击扇面的限制,有的导弹可能不能对未分配火力的目标序列中的第一个目标射击,在这种情况下则按次序往后顺延。

9.3.2 基于兰彻斯特方程的目标火力分配

集群作战中的目标火力分配不是简单的一对一关系,而是一方根据另一方兵力部署情况,合理分配己方兵力。这里采用兰彻斯特方程加以解决。具体描述如下:

红方坦克分队投入进攻战斗的总兵力为 m_0,m_0 是红方坦克分队所有战斗单位的总和,这里将一辆坦克作为一个战斗单位。蓝方投入的防御兵力包括 y_0 和 z_0 两部分,红方根据蓝方兵力的情况,需要对己方兵力进行合理划分,分别与蓝方的两部分兵力作战,以达到消灭蓝方的目的,同时尽可能减少己方的损失。

设红方将自己的兵力划分为 m 和 m_0-m 两部分,其中,兵力 m 攻击蓝方兵力 y_0,兵力 m_0-m 攻击蓝方兵力 z_0,由兰彻斯特方程可知,一方在单位时间内的损失等于另一方在单位时间内每一战斗单位毁伤敌对方战斗单位数目与此时战斗单位数量之积。

攻击蓝方 y_0 部分的红方兵力为

$$\begin{cases} \dfrac{\mathrm{d}m}{\mathrm{d}t} = -c_1 y \\[2mm] \dfrac{\mathrm{d}y}{\mathrm{d}t} = -d_1 m \end{cases} \qquad (9-9)$$

攻击蓝方 z_0 部分的红方兵力为

$$\begin{cases} \dfrac{\mathrm{d}(m_0-m)}{\mathrm{d}t} = -c_2 y \\[2mm] \dfrac{\mathrm{d}z}{\mathrm{d}t} = -d_2(m_0-m) \end{cases} \qquad (9-10)$$

式中:c_1、c_2 分别代表蓝方兵力 y_0 和 z_0 在单位时间内平均每个战斗单位毁伤红方战斗单位数;d_1、d_2 分别代表红方兵力在进攻战斗中对蓝方 y_0 和 z_0 在单位时间内平均每个战斗单位毁伤蓝方战斗单位数。

在实际战斗过程中,在不增加支援兵力的情况下,红蓝双方的兵力是逐步减少的,所以,这里采用兰彻斯特方程的前提条件是:兵力的分配不考虑其他任何外部干扰。

由式(9-9)得

$$c_1 [y_0^2 - y^2(t)] = d_1 [m^2 - m^2(t)] \qquad (9-11)$$

由式(9-10)得

$$c_2 [z_0^2 - z^2(t)] = d_2 [(m_0-m)^2 - (m_0-m)^2(t)] \qquad (9-12)$$

假设当战斗结束时,蓝方兵力被全部消灭,即当 $t=a$(某一时刻),$y_a=0$ 和 $z_a=0$,由式(9-11)和式(9-12)联合得到:

$$m_{(a)} = \sqrt{m^2 - \frac{c_1}{d_1} y_0^2} \qquad (9-13)$$

$$(m_0-m)_{(a)} = \sqrt{(m_0-m)^2 - \frac{c_2}{d_2} z_0^2} \qquad (9-14)$$

式中:$m_{(a)}$、$(m_0 - m)_{(a)}$分别表示红方对蓝方兵力y_0和z_0战斗结束时的剩余兵力。令总的剩余兵力为b,则

$$b = m_{(a)} + (m_0 - m)_{(a)}$$

$$= \sqrt{m^2 - \frac{c_1}{d_1}y_0^2} + \sqrt{(m_0 - m)^2 - \frac{c_2}{d_2}z_0^2} \qquad (9-15)$$

式中:$m_0 > 0$,$y_0 > 0$,$z_0 > 0$,$c_1 > 0$、$c_2 > 0$,$d_1 > 0$、$d_2 > 0$。

要求红方剩余兵力最大,即b取最大值,对式(9-15)求一阶和二阶导数得

$$b' = \frac{m}{\sqrt{m^2 - \frac{c_1}{d_1}y_0^2}} - \frac{m_0 - m}{\sqrt{(m_0 - m)^2 - \frac{c_2}{d_2}z_0^2}} \qquad (9-16)$$

$$b'' = \frac{\frac{c_1}{d_1}y_0^2}{\sqrt{\left(m^2 - \frac{c_1}{d_1}y_0^2\right)^{3/2}}} - \frac{\frac{c_2}{d_2}z_0^2}{\sqrt{\left((m_0 - m)^2 - \frac{c_2}{d_2}z_0^2\right)^{3/2}}} \qquad (9-17)$$

在进攻战斗中,要求红方总兵力必须大于蓝方总兵力,即:$m > y_0$,$(m_0 - m) > z_0$,也就是说:

$$m^2 - \frac{c_1}{d_1}y_0^2 > 0$$

$$(m_0 - m)^2 - \frac{c_2}{d_2}z_0^2 > 0$$

式(9-15)的结果小于零,即$b'' < 0$,故在$b' = 0$处有极大值,由此可得

$$\left(\frac{c_1}{d_1}y_0^2 - \frac{c^2}{d_2}z_0^2\right)m^2 - 2\frac{c^1}{d_1}y_0^2 m_0 m + \frac{c_1}{d_1}m_0^2 y_0^2 = 0 \qquad (9-18)$$

解式(9-18)得

$$m_1 = \frac{m_0 y_0}{y_0 - \sqrt{\frac{c_2 d_1}{c_1 d_2}}z_0} \qquad (9-19)$$

$$m_2 = \frac{m_0 y_0}{y_0 + \sqrt{\frac{c_2 d_1}{c_1 d_2}}z_0} \qquad (9-20)$$

事实上,$m_0 > m > 0$,而式(9-19)得出的结论是$m_1 > m_0$,故不符合实际情

况，所以，当 $m = \dfrac{m_0 y_0}{y_0 + \sqrt{\dfrac{c_2 d_1}{c_1 d_2} z_0}}$ 时，b 最大，也就是说，此时红方损失最小。由此实

现了红方兵力的合理划分。

9.4　单平台火力分配

单平台火力分配是在多平台多目标火力分配的基础上进行的，单平台火力分配的主要内容是根据目标的情况，选择采用何种武器打击或拦截目标。同样，单舰火力分配是在水面舰艇编队火力分配完成之后由单舰进行的，其所分配的武器是单舰自身所装备的点防御高导和防空火炮，火力分配的对象是袭击单舰自身平台的空中目标。

设来袭目标矢量为 T，则 $T = \{T_1, T_2, \cdots, T_m\}$，水面舰艇编队的舰艇矢量为 $S = \{S_1, S_2, S_3, S_4\}$，$r_{ij}$ 为目标 i 相对舰艇 j 的勾经，则将第 i 个目标分配给第 j 艘水面舰艇的条件为

$$r_{ij} = \min_{1 \leqslant k \leqslant 4}(r_{ik}) \tag{9-21}$$

根据上述分配原则，将所有来袭目标分配给各艘舰艇，得到各艘舰艇抗击的目标矢量 $T_i, i = 1, 2, 3, 4$，且有 $\sum\limits_{i=1}^{4} T_i = T$。各单舰的火力分配在各自抗击的目标矢量中进行。

单舰火力分配与编队区域防空武器火力分配的不同在于：编队区域防空一般只使用区域防空导弹，且不交叉使用，一个目标只用一座高导拦截；而对单舰而言，防空武器除点防御高导外，还有火炮用于抗击来袭空中目标，火炮可以交叉使用，而且一般会集中两门以上的火炮打击来袭的第一批目标。

单舰火力分配是依据威胁值的大小进行的。在所有袭击水面舰艇的目标矢量中，按照威胁值从大到小的顺序进行分配，分配武器的顺序是：点防御高导、中口径火炮和小口径火炮。由于袭击单个水面舰艇的空中目标数量相对较少，且只要被来袭目标的一件武器命中，该水面舰艇就将失去战斗力。因此，需要集中火力重点抗击威胁最大的目标。单个水面舰艇分配火力的基本原则是：

（1）点防御高导抗击威胁值最大的目标，不交叉使用，如果高导数超过一座，则依次往后分配。

（2）中口径火炮也用于抗击威胁值最大的目标，如果有两座则抗击同一目

标,一般不会超过两座。

（3）小口径火炮也抗击最大威胁目标,以距离目标最近的两座小口径火炮为单位分配,依次往后分配。

（4）火力交接:点防御高导只与小口径火炮进行火力交接,交接位置在小口径火炮的杀伤区外。

单舰火力分配的原则主要体现在火力运用的决策机制中。

9.5   弹种选择模型

单舰确定了火力分配原则后,还需要进一步根据目标相对舰艇的方位、舰艇上武器的位置、数量等,确定具体发射的武器及舰艇采取的机动策略。这一过程采用基于规则推理的方法实现。

建立如下规则:

// 规则1:

如果左右舷都有导弹,则按照下列规则处理:

（1）如果目标位于我导弹射界的右后方或是左前方,则舰艇向右转向;

（2）如果目标位于我导弹射界的右前方或左后方,则舰艇向左转向。

// 规则2:

如果只有左舷有导弹,则:

if(xianjiao≤180°- fwj) and(xianjiao >(- fwj + fsj))

then headright

else headleft。

// 规则3:

如果只有右舷有导弹,则:

if(xianjiao≥ -(180°- fwj))and(xianjiao <(fwj - fsj))

then headleft

else headright。

其中:

xianjiao 是目标位于我舰的舷角;

fwj:为导弹发射架的固定方位角;

fsj:为导弹的发射角。

// 规则4:

如果目标位于有导弹舷的射界内,则进行导弹攻击。

例如:

设有如下前提:

1 =（两舷都有导弹）;2 =（目标位于我导弹射界的右后方或是左前方）;

3 =（目标位于我导弹射界的右前方或是左后方）;4 =（目标位于有导弹舷的射界内）。

则:1 =（舰艇向右转向）;2 =（舰艇向左转向）;3 =（进行导弹攻击）。

在产生式规则系统中,上述前提可表示为:

```
if 1 and 2 then 1
if 1 and 3 then 2
if 4 then 3
```

在运行中,如果当前的态势为目标位于有导弹的射界内这个前提时,那么产生式规则系统就会依据"匹配—选择—应用"的循环机制实现态势评估和决策制定,即依据规则 if 4 then 3 得出结论进行导弹攻击。

9.6　瞄准射击模型

对于导弹的发射,不存在"瞄准射击"行为,但对于炮弹的发射来说,则需要建立"瞄准射击"模型。以下以坦克的瞄准射击建模为例加以说明。

9.6.1　射击方法选择

战斗中,应根据武器装备性能、地理条件、目标性质和坦克在战斗队形中的位置以及所担负的任务,灵活地选择射击方法。坦克的直接瞄准射击分为原地射击、短停间射击和行进间射击。

（1）原地射击:为了提高射击效率,一般采用原地射击。

（2）短停射击:指在行进间完成射击准备,通过一次或数次短停进行瞄准发射。

（3）行进间射击:在行进间进行射击准备和瞄准发射歼灭目标的方法。

9.6.2　射击诸元解算

现代坦克都装备先进的火控计算机,火控计算机主要有以下功能:

（1）根据不同的弹种,求解不同的弹道方程,确定火炮在高低方向上的基本瞄准角。

（2）根据炮弹与目标之间的距离和目标状态等基本信息，按照有关目标运动规律的约定，解算弹丸与运动目标相遇的命中问题，求出火炮在高低方向和方位方向上的修正量。

（3）能自动采集对射击有影响的各种弹道和环境参数，综合计算出火炮在高低方向和方位方向上应有的修正量，再将这些修正量按一定的算法附加至已算出的瞄准角和方向角上，得出火炮最后的高低角和方向角。

建立瞄准射击模型时可以简化上述过程为计算基本瞄准角和求解方向修正量两个步骤。

1. 计算基本瞄准角

基本瞄准角包括炮管的俯仰角 α 以及炮塔的旋转角 β。在仿真实现中为了计算 α、β，首先要把它们转换到同一个坐标系下，这里我们把目标在大地坐标系下的坐标转换为本车的车体坐标系下。

假设目标点在地系中坐标为 X'，求该目标在本车车体坐标系中的坐标 X。

首先由大地坐标系换算到车体坐标系（车体中心为原点，向前为 z 轴、向右为 x 轴、向上为 y 轴），其坐标变换公式为

$$X = [A_\alpha][A_\beta][A_\gamma]X' + X_{o'} \qquad (9-22)$$

式中：X 为地系点坐标；X' 为车系点坐标；i 时刻原点 o' 在大地坐标系中的坐标为 $(x_{o'}, i, y_{o'}, i, z_{o'}, i)$，$X = (x, y, z)^t$，$X' = (x', y', z')^t$，$X_0 = (x_{o'}, y_{o'}, z_{o'})^t$，则：

$$[A_\alpha] = \begin{bmatrix} \cos\alpha & 0 & \sin\alpha \\ 0 & 1 & 0 \\ -\sin\alpha & 0 & \cos\alpha \end{bmatrix}$$

$$[A_\beta] = \begin{bmatrix} 1 & 0 & 0 \\ 0 & \cos\beta & -\sin\beta \\ 0 & \sin\beta & \cos\beta \end{bmatrix}$$

$$[A_\gamma] = \begin{bmatrix} \cos\gamma & -\sin\gamma & 0 \\ \sin\gamma & \cos\gamma & 0 \\ 0 & 0 & 1 \end{bmatrix} \qquad (9-23)$$

转换后得

$$X' = [A_\gamma]^{-1}[A_\beta]^{-1}[A_\alpha]^{-1}(X - X_{o'}) \qquad (9-24)$$

由此得到炮管的俯仰角为

$$\alpha_1 = \arctan(y'/z') \qquad (9-25)$$

炮塔的旋转角为

$$\beta_1 = \arctan(x'/z') \tag{9-26}$$

2. 求方向修正量

为了使射弹能命中目标,必须考虑由于目标运动或坦克运动而产生的射击方向和射击距离的变化并决定是否修正及决定修正量的大小。目标或坦克的运动方向是按航路角区分的。航路角是指在水平面上,射击方向与目标或坦克运动方向所构成的夹角,如图 9-1 所示(图中 Q_M 为目标航路角,Q_T 为坦克航路角)。

方向修正量包括目标运动修正量和坦克自身运动修正量。坦克对横、斜方向运动的目标射击时,如果用中央指标瞄准目标中心发射,由于射弹在发射后需要一段时间才能到达目标位置,目标在这段时间

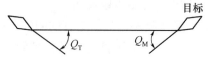

图 9-1 航向角示意图

内将向前运动一段距离,因此射弹不能命中目标而落于目标运动方向的后方。要想命中目标,必须向目标运动的前方提前一个角度 Z_m,这个角度,就是目标运动方向修正量,其大小决定于目标运动的方向、速度和射弹的飞行时间。

根据航路角的不同,目标的运动方向可分为纵方向运动、横方向运动和斜方向运动三种,见表 9-1。

表 9-1 目标相对运动分类

类 型	目标与射向角度	效 果
横方向运动	45°~90°	引起射击方向的变化
斜方向运动	15°~45°	引起射击距离和方向的同时变化
纵方向运动	0°~15°	引起射击距离的变化

一是当目标相对于坦克作横方向运动时的修正量 Z_m,如图 9-2 所示。

在图 9-2 中,假设目标由初始位置 A_0,经过 t 秒后运动到 A_1,L 为目标距离。则此时我方坦克的修正量 Z_m 可用下式计算

$$Z_m = 265 \times V_m \times t/L \tag{9-27}$$

式中:Z_m 为目标运动方向修正量(密位);V_m 为目标运动速度(单位:m/s)。

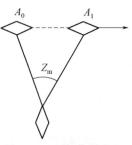

图 9-2 目标作横方向
运动示意图

从式(9 - 16)可知,只要知道目标运动时速、射弹飞行时间和目标距离,就能计算出目标运动方向修正量。

二是目标作斜方向运动时,目标运动方向修正量,应取目标横方向运动修正量的1/2。

$$Z_m = 133 \times V_m \times t/L$$

三是当目标作纵方向运动时,可认为射击角度无变化,不需修正,即 $Z_m = 0$。

下面计算坦克自身运动修正量 Z_n。

坦克作横、斜方向运动的行进间射击时,射弹会产生偏向坦克运动方向的偏差。这一偏差所相应的角度称为坦克运动方向修正量,修正时应从坦克运动的相反方向修正。

坦克在作横、斜方向运动时发射的弹丸,在脱离炮口的瞬间同时具有两种速度,即射弹的初速 V_0 及坦克的运动初速 V_T。

当坦克沿 OA 作横方向运动并在 O 点发射炮弹时,炮弹不仅以初速 V_0 作横方向运动,同时还以坦克运动速度 V_T 沿 OA 方向飞行。因此,在 O 点发射的弹丸实际上并不沿 OM 方向飞行,而是以 $V0$ 和 VT 的合速度 VH 沿 OB 方向飞行,最后落于 B' 点,如图9 - 3所示。这样就使发射后的炮弹产生一个方向偏差角 $\angle MOB$,这个方向偏差就是坦克的运动方向修正量。

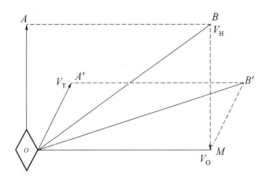

图9 - 3　坦克斜方向运动时的射弹方向偏差

由此可以得出坦克作横、斜方向运动时的修正量分别为

$$Z_n = V_T \times 0.4 \qquad (9 - 28)$$

$$Z_n = V_T \times 0.2 \qquad (9 - 29)$$

这两个修正量的方向与坦克运动方向相反。

综上所述,在解算诸元时,考虑以上两种因素,可得

炮管的俯仰角为

$$\alpha = \alpha_1 = \arctan(y'/z') \tag{9-30}$$

炮塔的旋转角为

$$\beta = \beta_1 + Z_m + Z_n \tag{9-31}$$

9.6.3　外弹道模型

有些作战仿真系统因为需要实时显示炮弹飞行的轨迹与炸点,进而开展目标命中及毁伤分析,所以炮弹外弹道的仿真必不可少。炮弹外弹道的仿真是一个相对复杂的问题。由于受到弹丸初速、弹丸旋转角速度、弹丸发射角度、弹丸质量与形状和重力、空气阻力、风力、风速及偏流等诸多因素的影响,炮弹弹丸在空中的飞行轨迹是一条非常复杂的空间曲线,如图9-4所示。

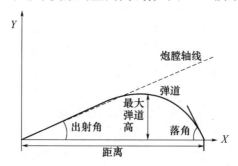

图9-4　标准弹道在发射平面内的投影

目前,外弹道仿真的算法常采用直线法、定点抛物线法、解弹道方程组法和基于射表的抛物线拟合方法等。

(1)直线法。该方法假设瞄准点为命中点,将炮弹和目标的连线作为外弹道。这种方法的优点是计算简便、快速。缺点主要包括以下三个方面:

① 炮弹与目标之间的连线与实际外弹道相差甚远,不能反映外弹道特性。

② 在进行山地射击、车体行进间对运动目标射击时,有经验的炮手会根据具体情况使用变更瞄准点法来修正射击距离,而用直线法模拟外弹道是不能正确反映这一过程的。

③ 直线法无法得到弹道诸元,因此不能为毁伤计算提供所需的落角和落速。

(2)定点抛物线法。该方法的假设条件与直线法相同,改进之处是用一条或两条抛物线代替直线,因此比直线法要接近实际弹道,同时继承了简便、快速的优点。但对于直线法中的后两个缺点没有实质性的改善。

（3）解弹道方程组法。该方法一般被认为是对外弹道较精确的计算方法，而实际上它存在模型误差（由于在建立弹道方程时作了种种假设而产生的）、参数误差（确定弹道方程中各种参数时的误差）和初始条件误差（确定弹道方程中初始条件时的误差）。

（4）基于射表的抛物线拟合方法。该方法的思路是从射表入手，由射表提供的射距、射角、最大弹道高、落角、散布等数据拟合抛物线。由于射表是用射击试验和外弹道理论计算相结合的方法编制的。在理论方面，充分利用空气动力学和计算机技术；试验方面，一门多种装药号的火炮，其完整的射表射击试验要进行千次以上。同时基于射表的抛物线拟合方法也为非标准条件下的射击提供了诸元修正。因此，该方法是至今对实际弹道最精确的描述。基于射表的抛物线拟合方法来解弹道方程可以使得模拟外弹道具有实际外弹道的特性，不但运算时间短，而且满足实时仿真的要求，其仿真流程如图9-5所示。

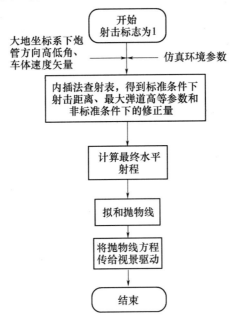

图9-5　基于射表的抛物线拟合方法仿真流程图

因为一般是利用炮弹外弹道的降弧段命中目标，所以可以假设对抛物线起始点斜率不做约束，即可以先拟合降弧抛物线，再前推升弧抛物线。由此得到抛物线表达式为

$$\begin{cases} y = a_2(x - b)^2 + c\,(x < b) \\ y = a_3(x - b)^2 + c\,(x \geq b) \end{cases} \qquad (9-32)$$

式中:$a_2 = -Y/(2Y/\tan\delta_0 - d)^2$;$a_3 = -\tan^2\delta_0/4Y$;$b = d - 2Y/\tan\delta_0$;$c = Y$。

用上述方法拟合抛物线带来的问题是当水平射程很小时(小于1000m)曲线会出现升弧弯曲、降弧平缓的现象。

9.6.4　射弹散布模型

由于各种随机因素的影响,弹丸并非指向哪里就能打到哪里,而是存在射弹散布。射弹散布是一种客观存在的随机现象,它由弹药、射手和气象等方面的微小变化造成的,服从正态分布。当坦克对目标射击时,假设瞄准点在目标的中心即预期命中点,弹着点以目标的中心成椭圆散布。

射弹散布分距离散布(高低散布)和方向散布,它们都遵从正态分布,它们的主要散布表征分别为距离公算偏差 G_d(高低公算偏差 G_g)和方向公算偏差 G_f;位置表征是散布中心 O;概率密度分别为

$$f(x) = \frac{\rho}{G_f\sqrt{\pi}}\mathrm{e}^{-\rho^2\frac{x^2}{G_f^2}} \qquad (9-33)$$

$$f(y) = \frac{\rho}{G_g\sqrt{\pi}}\mathrm{e}^{-\rho^2\frac{y^2}{G_g^2}} \qquad (9-34)$$

式中:ρ 为相关系数,其值可取 0.477。

由于距离(高低)散布和方向散布互相独立且互相垂直,所以它们的联合分布密度为

$$f(x,y) = \frac{\rho^2}{G_g G_f \pi}\mathrm{e}^{-\rho^2\left(\frac{x^2}{G_f^2}+\frac{y^2}{G_g^2}\right)} \qquad (9-35)$$

由此可知射弹散布均值 $\mu = 0$,方差 $\sigma = G_{g,f}/\sqrt{2}\rho$。

设:

$$\frac{x^2}{G_f^2} + \frac{y^2}{G_g^2} = k^2(不考虑 k 为 0 或 \infty 的情况) \qquad (9-36)$$

经变换得到

$$\frac{x^2}{k^2 G_f^2} + \frac{y^2}{k^2 G_g^2} = 1 \qquad (9-37)$$

式(9-26)为标准椭圆方程,联合概率密度函数式(9-35)和椭圆方程(9-37)说明,弹着点落于以主半轴为 kG_g 和 kG_f 的椭圆内,边缘上各点的概率

密度是相等的,因此射弹散布成椭圆形,散布椭圆的大小决定于参数 k,对不同 k 值可得大小不同的散布椭圆。

根据概率公式,可直接计算出弹着散布在各椭圆内的概率,见表 $9-2$。

表 $9-2$ 弹着散布在半径为 k 个 G 为半径的椭圆内的概率

k 的值(以公算偏差为单位)	1	2	3	4	5
R 个 G 为半径的椭圆内概率/%	20.3	59.7	87.1	97.3	99.6

由表 $9-2$ 可见:当 $k=4$ 时椭圆内弹着点的概率为 0.973,即我们可以认为弹着点落于以主半轴为 $4G_d$ 和 $4G_f$ 的椭圆内,而边缘上各点的概率密度是相等的。

弹着点随机干扰的模拟计算方法是:设坦克炮射击的系统误差为零,其随机干扰量的计算采取如下步骤:

(1)利用计算机均匀分布的伪随机数发生器产生两个在(0,1)上均匀分布的随机数 ε_1、ε_2。

(2)令 $V_1=2R_1-1$,$V_2=2R_2-1$,则产生两个在(-1,1)内均匀分布的 V_1、V_2。设 $S=V_1+V_2$,如果 $S>1$,舍弃 V_1、V_2 并转到步骤①。如果 $S\leqslant1$,则在射面内有一个随即点(V_1,V_2)。

(3)建立 $\eta_1=V_1\sqrt{-2\ln S/S}$,$\eta_2=V_2\sqrt{-2\ln S/S}$,则 η_1、η_2 是独立地服从标准正态分布的两个随机数。

(4)在已知坦克弹种和射击距离的情况下,访问数据库射表查找方向公算偏差 G_f 和高低公算偏差 G_d,落角 θ_c。

(5)计算随机干扰量:X 方向随即干扰量 = 方向公算偏差 $4G_f\times\eta_1$;Y 方向随即干扰量 = 距离公算偏差 $4G_g\times\eta_2$。

根据射弹散布的大致位置可得出弹着点的坐标,从而判断是否命中目标或者命中目标的大体位置。

第 **10** 章

聚合级计算机生成兵力

10.1 引　言

　　CGF 实体分为平台级和聚合级两种。平台级 CGF 实体指的是每个仿真模型所描述的对象是单一的武器平台(如一辆坦克),主要用于小规模(如营以下分队)的战术演练。但对于更大规模的分布交互仿真演练,仅靠这些平台级的 CGF 实体是无法满足要求的。主要原因包括两个方面:一是如果仿真系统中包含的武器装备种类太多,需要针对每一种武器装备构建平台级模型,导致建模工作量过大,同时所需要的网络节点过多,系统中就必须有大量的计算机终端。二是网络的负载能力。(实体)节点多必然导致网上的信息交互量增加,由于网络带宽受限、容易导致信息传递延迟、数据丢失、信息误传的情况发生,影响整个系统的运行效率。聚合级 CGF 是通过对一定规模作战单位(如坦克连)的作战行为进行足够的建模,使它在虚拟环境中不需要人的控制也能模拟完成与真实的作战单元相同的任务。研究聚合级 CGF 也具有非常重要的意义。

　　第一,采用聚合级 CGF 可以用少量的网络节点描述大量的战场实体,高效扩展作战仿真的规模。如建立团一级作战模型,假设聚合级 CGF 模拟的基本作战单位是连或单独行动的排,那么可以区分成陆战单位 40 个 ~ 45 个、炮兵单位 15 个 ~ 20 个、防空单位 30 个 ~ 35 个、工程兵单位 5 个 ~ 7 个、空军单位 10 个 ~ 15 个,总计作战单位达 100 个 ~ 120 个。如果采用平台级 CGF 进行仿真,实体总数将达上千个,如果是师、军或更高一级部队的作战仿真,实体数量将会更大。

从我国目前初步建成的几个 DIS 系统(如"综合防空多武器平台仿真示范系统"、"分布式虚拟战场环境")来看,虽然它们都开发了一定数量的 CGF,但由于这些 CGF 都是平台级,这就决定了这几个 DIS 系统的规模不可能很大,系统中的实体数量不可能很多(100 个左右)。要完成几个团,或者是师、军参加的作战仿真,如果不采用聚合级 CGF,现有的系统是不可能实现的。

第二,采用聚合级 CGF 可以有效地节省网络带宽,减少网上的信息交互量。当系统中平台级 CGF 数目 n 增加时,网络带宽消耗成 $O(n^2)$ 级数增长,这直接影响仿真系统规模的扩展。而聚合级 CGF 是对个体共性的提取,消除了个体间的差别,因而使信息减少。例如可以使用聚合实体状态信息代替其所描述的实体状态信息发送,这样就可以有效地减少网上的信息交互量。

第三,开发聚合级 CGF 便于描述作战单位的层次结构及各种不确定因素。实际作战中经常出现战斗单位的分解与合并、指挥关系的转隶等情况,如作战中的支援、加强、配属等战术行为。一个聚合级作战单位的分解可采用两种方式完成,一种是用方案命令的方式,它事先对分解单位进行划分,分解的单位以数个单位的编号共同配置在一个阵地(位置)上,并填写好相应的方案数据表。另一种方式是采取自动决策的方法,当某种情况出现后被分解单位就自动派出约定的那一部分兵力,构成一个新的作战单位。对这种方法,要事先编好变化方案,并赋予一定的自动决策功能。作战单位的自动合并与分解相似,一般是较低级别、较小单位向较高级别、较大单位并拢,并以后者的配置(中心点坐标,幅员大小)地域为准。合并后较小单位的独立性消失,以较大单位的各种特征为准。聚合级 CGF 在这其中所能起的关键作用是它具有这种分解与合并的功能。如果上述情况下完全由平台级 CGF 来实现的话,整个系统的管理将会非常复杂,不利于作战仿真的顺利完成。

第四,开发聚合级 CGF 是描述武器装备群体行为的需要。CGF 实体和人一样,其个体行为往往和群体联系在一起并受到群体的影响。武器装备平台也是一样,它在作战中体现的也是一种群体行为。因此,研究 CGF 实体的行为,主要是实体间的交互与合作行为,这是 CGF 领域研究的重要方向。平台级 CGF 不能很好地模拟这种群体行为,聚合级 CGF 能担此重任。

与平台级 CGF 针对武器装备平台进行建模相区别,聚合级 CGF 是通过对一定规模的作战单位的装备、功能、能力和行动的建模。这时的作战单位是一个整体,建立模型的原理、方法与平台级 CGF 有着本质的区别。由于聚合级 CGF 建模方法从本质上消除个体间的差别,所以它不可避免地降低了仿真的可信度,因此,构建聚合级 CGF 并不是对所有的武器装备对象都适用。只有那些个体差异小,但实体数量很庞大的作战单位,用聚合级 CGF 的建模方法才会产生比较好的效果。而且,随着作战单位级别的升高(如军、师或更高级别),系统也就越庞大,它所需考虑的情况也就越复杂,模型也就越难建立。

10.2 功 能 构 成

聚合级 CGF 的功能构成如图 10-1 所示。其中聚合级 CGF 的交互和聚合解聚机制将在后面一章专门探讨。

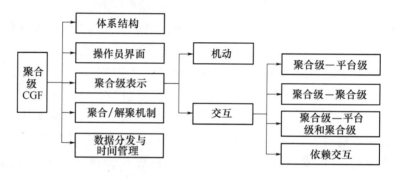

图 10-1 聚合级 CGF 功能构成

10.2.1 体系结构

聚合级 CGF 实体应具备对战场态势进行分析和实时任务规划与战场决策的能力,因此,其体系结构中要考虑指挥问题、与平台级 CGF 实体的转换问题、与分布交互仿真系统体系结构的一致性问题,这其中有很多难点问题尚未解决,如平台级 CGF 和聚合级 CGF 实体的时空一致性、时间同步、地形数据格式一致性、交互结果一致性等。

10.2.2 指挥决策

要建立聚合级 CGF 实体就必然要对它进行指挥与控制,指挥控制(Command and Control,C2)问题也是聚合级 CGF 实体研究的重要方向之一。要使聚合级 CGF 实体具有对战场态势进行分析和决策的能力,同样要解决好知识库的组织、决策方法的选择等问题,其基本思想和实现平台级 CGF 的指挥决策一致。

10.2.3　数据分发与时间管理

1. 数据分发管理

包含聚合级和平台级两种不同形态 CGF 实体的仿真系统中,为进一步减少数据冗余量及其处理时间,要求 HLA 的数据分发服务必须提供有效和灵活的机制,应根据实体形态的不同采用合适粒度的数据选择机制。

2. 时间管理

在分布交互仿真中通常存在三种不同的时间:一是物理时间,即仿真对象所处的自然时间;二是仿真时间,指仿真系统所表现的运行时间;三是墙上时钟时间,指仿真运行时的仿真参考时钟(常取自然时钟)的时间。在 HLA 中,仿真时间表现为沿一个全局的联邦时间轴上的点。例如事件的时戳等,都指的是在仿真时间中的时间点。联邦成员时间指的是联邦成员当前的仿真时间,在一个联邦成员执行过程中,不同的联邦成员可以有不同的仿真时间。

在聚合级 CGF 的仿真过程当中,到底采用哪种时间管理机制,要依据仿真对象和仿真目的而定。

10.3　机　动　模　型

机动模型是聚合级 CGF 的重要组成部分。聚合级 CGF 机动模型的建立,依赖于所使用的战场空间量化方法和数学模型的性质。对于较小规模的聚合级 CGF,战场空间量化的精度和机动计算精度直接影响到聚合级 CGF 作战效率的计算。因此,这种情况下,战场空间量化要采用精细的微观描述方法,计算步长较短,精度较高。

对于较大规模兵力的聚合级 CGF,战场空间量化精度和机动计算精度已显得不很重要。此时,战场空间量化多采用宏观粗略的半定量参数描述方法,机动计算步长也较大。这时机动计算的输出结果只是影响聚合级 CGF 战斗潜力的一个因子。

10.3.1　机动模型的结构

聚合级 CGF 机动模型主要解决三个方面的问题:一是聚合级 CGF 实体机动的目的地,即机动任务;二是机动速度的确定,对聚合级 CGF 机动能力的描述主要是对速度进行调整;三是机动路线的选择,即如何选择机动路线完成机动任务,如图 10 - 2 所示。

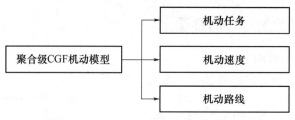

图 10 - 2　聚合级 CGF 机动模型的结构

10.3.2　机动模型实现流程

聚合级 CGF 机动模型是由指挥实体决策产生的机动命令或操作员直接下达的机动命令启动的,聚合级 CGF 的机动模型首先进行自身状态的判断,如已经丧失机动能力,则该命令无效,否则看当前仿真时间是否到了机动开始时间,如还未达到,则继续等待,反之,取出该单位的实体 ID、机动方式和速度标志等基本信息,用于以后的各种计算和修正。如果机动命令中下达了具体的速度,则直接取该机动速度,否则按照基本速度中的中速作为初始的机动速度,最后,通过对战场空间中影响速度的各种因素对速度进行修正,将该修正后的速度赋予该聚合级 CGF。其基本流程如图 10 - 3 所示。

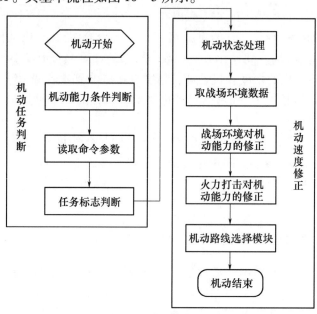

图 10 - 3　机动模型流程图

（1）机动任务判断模块。机动任务判断模块由机动能力及条件判断、读取命令参数、机动任务标志判断三部分组成,其基本流程如图 10-4 和图 10-5 所示。

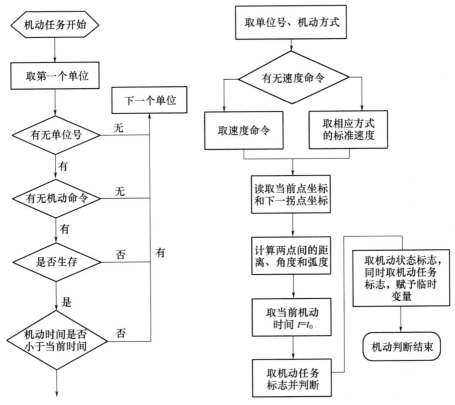

图 10-4　机动能力及条件
判断流程图

图 10-5　机动方式及速度计算流程图

（2）机动速度修正模块。机动速度的修正因素有战场环境、火力打击、火力支援等。图 10-6 只显示了战场环境对机动速度的修正过程,其他因素的修正过程与此类似。通常的做法是先拟定基本运动速度表,在该表的基础上,根据不同战场环境对运动速度的影响,按规则进行具体折算。如修正速度正常,则交由实体状态更新模块更新实体属性,如得出修正速度为零,则说明实体遇到了障碍,此时输出机动失败报告,交由行为模块重新决策实体的下一步行动。

（3）确定下一坐标流程。首先计算下一点坐标、速度修正率、至下一节点的方向角等值,然后计算当前点至下一点的距离,并与到下一路径节点的距离比较

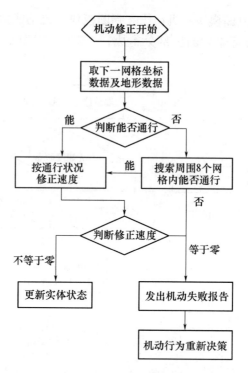

图 10 - 6　战场环境对机动速度的修正过程

大小,根据比较结果更新本实体坐标,最后判断机动任务是否结束,如未结束则继续循环,如图 10 - 7 所示。

10.3.3　机动模型的数学描述

（1）基本条件。机动模型的建立,依赖于所使用的地形模型和数学模型的性质。以小规模聚合级作战实体为例,地形量化的精度和计算精度将直接影响该仿真实体的作战效率,影响系统的可信度。采用网格法战场环境模型。

（2）基本假设。作战单元在战场上的实际机动状况,在一定的范围内是随时间连续变化的,并且受多随机因素的影响。因此,当采用离散数学模型描述时（如各种计算步长）,必须做适当的简化。这种简化合理性的基础就是机动描述的基本假设,下面给出的基本假设并不适合于所有模型,不同的机动模型,其基本假设可能不同,在建模时应具体考虑。建立机动模型的基本假设主要有如下几个方面。

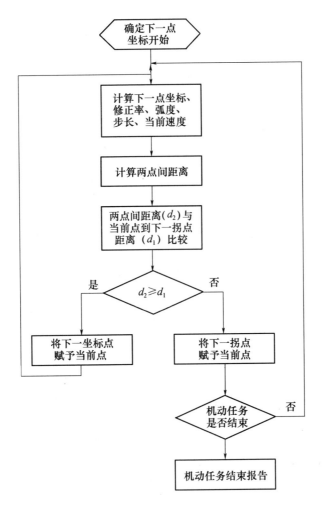

图 10 – 7　计算下一坐标点流程

① 使用笛卡儿坐标系,以点描述机动单位,动点与机动单位有相同的含意。机动单位中的所有内部因子(诸如不同车辆等)以同一速度机动。

② 以由若干首尾相接的直线所构成的折线表示机动路线,当机动单位向目标或目的地(节点)机动时,机动路线为直线,通常不考虑可能的曲线运动。

③ 在机动路线上的同一线段上,机动单位的机动速度相同。

④ 机动计算步长选择满足精度要求。

⑤ 在量化地形方格网的同一方格内,障碍类所描述的障碍遍及整个方格。当机动单位在机动过程中遇到障碍时,不是排除后再机动,而是以该类障碍条件

下的机动速度机动。在此情况下,障碍可与地形一并考虑。

⑥ 仅考虑地形、气象、火力干扰等因素对机动的影响。

作战单位机动的量化,实际上就是要计算出每一个作战单位在任何指定时刻的坐标和机动状态(速度、方向等),或者计算出机动单位到达任何指定位置的时刻。

(3)机动速度及各种修正参数。作战单位的机动速度是量化作战单位机动能力最主要的指标,是机动量化描述中的基本参数。机动单位的机动方式和能力(步行、乘车、队形、破障能力等),一般都由机动速度体现。对于小规模的仿真实体,沿道路机动、越野机动和单实体机动的速度可以根据历史经验数据得到,在使用经验数据时,还应考虑路面损坏、降水(雪)、坡度、大风、能见度、烟幕、天然障碍、海拔等因素的影响。机动单位的机动速度是在一定条件下的标准速度(或平均速度),在使用时,还必须用上述因素予以修正。综合考虑影响机动单位机动速度的因素及其描述参数,地形和道路、气象条件和火力干扰对机动速度的影响最大。在实际应用中我们分别用不同的系数予以修正。

(4)给定节点坐标和机动速度时的机动计算。各种状态下机动计算的数学模型已有很多文献有所论述,本文仅以文献 [2] 为例,简述给定节点坐标和机动速度时的机动计算。

设作战单位的机动路线为一折线,有 N 个节点,其坐标为 (x_i, y_i),$i = 1, 2, \cdots, N$ 即作战单位的机动路线由 $N-1$ 条线段所构成。又设 V_i 为动点 (x, y),即机动单位在机动路线上第 i 段上的机动速度,$i = 1, 2, \cdots, N$。如图 10-8 所示,其中 D_i、W_i 为机动单位在第 i 段机动路线上地形、火力干扰对机动速度的影响系数,U 为作战地域内统一考虑的气象条件对机动速度的影响系数。用 R_i 表示机动路线上两节点间的距离,根据不同的地形量化方法,R_i 可以用两点间或三点间距离公式求出。

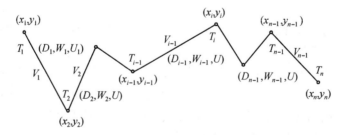

图 10-8　给定节点坐标和机动速度时的机动计算

若用 T_i 表示作战单位到达第 i 个节点的时间,则动点到达第 $i+1$ 个节点的时间为

$$T_{i+1} = T_i + \frac{R_i}{V_i D_i W_i U} \qquad (10-1)$$

如果当 $i=1$ 时,作战单位的机动开始时间 T_1 给定,那么利用上述递推公式和给定的条件就可计算出动点到达每一个节点的时间 $T_2, T_3, \cdots, T_N$。

作战单位在机动路线上第 i 段上的机动方向角 θ_i 计算方法同前。

那么作战单位在时刻 T 的坐标为

$$\begin{cases} x = x_i + V_i \cdot D_i \cdot W_i \cdot U \cdot \cos\theta_i \cdot (T - T_i) \\ y = y_i + V_i \cdot D_i \cdot W_i \cdot U \cdot \sin\theta_i \cdot (T - T_i) \end{cases} \qquad (10-2)$$

作战单位到达某指定位置的时刻为

$$T = T_i + \frac{x - x_i}{x_{i+1} - x_i}(T_{i+1} - T_i) \qquad (10-3)$$

10.4 损 耗 模 型

构建聚合级实体损耗模型的目的是描述聚合级单元之间交战的结果,在交战过程中,单个战斗单元的战斗活动,如目标获取、火力分配、毁伤评估等不再被描述,取而代之的是各个战斗单元的平均值。损耗模型是整个聚合级实体仿真的基础,所有的其他过程,如机动过程、指挥控制过程、技术保障、后勤保障等过程都是为它服务的。对于聚合级实体的损耗模型来讲,目前的主要建模方法有两种:一是兵力指数损耗模型;二是兰彻斯特方程类损耗模型。兵力指数模型更适用于大规模的作战仿真,本文只对其基本思想作一简单介绍。对于兰彻斯特方程,本文将重点介绍其建模方法,同时对其损耗系数的估计方法和利用高分辨率作战仿真数据对其损耗系数进行校准的方法进行探索性的研究。

10.4.1 射击与毁伤

杀伤性弹药有四种作用:
(1) 对人员、武器的毁伤。
(2) 对防御工事的破坏。
(3) 对敌通信指挥机构的破坏。
(4) 对敌人心理的震慑作用。

以下简单介绍对人员、车辆的杀伤效果计算。

（1）直瞄武器非爆破弹对目标的杀伤。非爆破弹只有直接命中目标时，才引起毁伤，而一枚只能毁伤一个目标。单发弹命中概率公式为

$$P_h = f\left(\frac{\rho \cdot L_x}{E_x}\right) \cdot f\left(\frac{\rho \cdot L_y}{E_y}\right) \qquad (10-4)$$

这里：$\rho = 0.476936$；L_x 为目标等效面宽度；L_y 为目标等效面长度，如果是圆目标，可取 $L_x = L_y = R\sqrt{\pi}$；E_x 为武器射击时横向概率偏差；E_y 为武器射击时纵向概率偏差；$f(z)$ 为误差函数。

由武器的单发命中概率 P_h 和武器一次射击发射的总弹数 N，利用蒙特卡罗方法便可求出此次射击的命中目标发数 N_h。选取 N 个均匀分布的随机数 $R_i (i=1,2,\cdots,N)$，用如下计算公式可得到命中弹数为

$$N_h = \sum_{i=1}^{N} H_i \qquad (10-5)$$

其中

$$H_i = \begin{cases} 1 & (R_i \leqslant P_k) \\ 0 & (R_i > P_k) \end{cases} \qquad (10-6)$$

当然，命中目标并不等于杀伤目标，杀伤目标应是使目标丧失作战能力。因此，应考虑在命中条件下对目标杀伤概率 P_k，可按必须平均命中弹数 ω 另行计算。对于相应命中弹数 N_h，选取 N_h 个均匀分布随机数 $R_i (j=1,2,\cdots,N_h)$，通过与条件杀伤概率的比较，可算出在命中条件下杀伤目标的弹数 N_k，即：

$$N_k = \sum_{i=1}^{N_h} K_i \qquad (10-7)$$

其中

$$K_i = \begin{cases} 1 & (R_i \leqslant P_k) \\ 0 & (R_i > P_k) \end{cases} \qquad (10-8)$$

假定目标内有 M 个单元（人员或武器），每发弹只击中一个单元。但是在实际战斗中，往往出现不止一发弹命中同一个单元的情况，故 $N_q \leqslant N_k$。这里设置一种方法来讨论实际杀伤数。假定各武器的射击相互独立，可抽取 N_k 个随机数 $R_j (j=1,2,\cdots,N_k)$，以 $[M \cdot R_j] = i$，表示杀伤目标的编号。M 是目标单位现有人数或武器数；$[\ ]$ 表示对括号内的数取整数部分。用如下公式可求出此情况下的实际杀伤目标数

$$N_q = \sum_{i=1}^{M} Q_i \qquad (10-9)$$

其中

$$Q_i = \begin{cases} 1 & (\text{至少有一个} j \text{使得} [M \cdot R_j] = i) \\ 0 & (\text{对于所有的} j \text{均有} [M \cdot R_j] \neq i) \end{cases} \qquad (10-10)$$

命中概率还受双方所处状态的影响,例如,目标静止与运动,射击方是静止还是在行进间射击等。这些影响都反映在武器偏差参数的取值上。当射击方处于对方火力压制状态下,所使用的偏差参数也应给予修正。最后,还可根据实战情况,如果射击方受到猛烈的歼灭性火力压制或对目标情况不明时,命中概率近为零。

(2)直瞄武器采用爆破弹对目标的杀伤。爆破弹不必直接命中目标,只须落在目标所展开的区域内即可能杀伤目标,同时,一发弹可能杀伤多个目标。通常只需将目标等效的宽度 L_x 和长度 L_y 取值为目标单位展开的长宽。利用上述算法,式(10-4)就可计算直瞄火器爆破弹的命中概率。命中弹数的算法与式(10-5)和式(10-6)相同。

一发爆破弹在命中条件下的杀伤概率 P_k 由下式近似计算:

$$P_k = S_k / S_t \qquad (10-11)$$

式中:S_k 是一发炮弹的有效杀伤面积;S_t 是目标展开区域的面积。

对于 S_k 的取值,不仅与武器及弹药有关,而且与目标的防护能力(抗力,又称易损性)有关。各类直瞄武器使用爆破弹对在各种掩蔽条件下目标的杀伤概率在经过式(10-10)的处理后输入计算机,为仿真所用。

由命中弹数 N_h 和杀伤概率 P_k 可确定杀伤目标的单元数 N_q。具体算法是对面目标的每一个单元抽取 N_h 个均匀分布随机数,对第 i 单元抽取的第 j 个随机数为 $R_{ij}(i=1,2,\cdots,M;j=1,2,\cdots,N_h)$。则杀伤单元数为

$$N_q = \sum_{i=1}^{M} G_i \qquad (10-12)$$

其中

$$G_i = \begin{cases} 1 & (\text{至少有一个} j, \text{使得} R_{ij} \leqslant P_k \text{成立}) \\ 0 & (\text{对于所有的} j, \text{都有} R_{ij} > P_k \text{成立}) \end{cases} \qquad (10-13)$$

(3)面目标覆盖问题。面目标覆盖问题可以用于炮弹、航弹和核弹对面目标的攻击。

设平面域内目标或目标价值密度分布函数为 $T(x_t, y_t)$,即表示在 (x_t, y_t) 处

单位面积内的目标数或目标价值(也可以是相对份额)。

弹着于(x,y)点使面目标造成的相对毁伤为

$$M = \int_{-\infty}^{+\infty} \int dxdy \cdot \iint_S \psi(x,y) \cdot G(x,y,x_t,y_t) \cdot T(x_t,y_t) dx_t dy_t \quad (10-14)$$

式中:$\psi(x,y)$为弹着点服从的概率密度函数;$G(x,y,x_t,y_t)$为武器落在(x,y)时,对目标点的毁伤函数;S目标区。

在如下特例情况下可得到解析结果或近似式:

① 弹着分布为以原点为中心的圆正态分布,圆毁伤函数,均匀圆形目标或圆正态目标,单次打击。

② 弹着分布为相对散布中心的正态分布,矩形毁伤区,均匀矩形目标,单次打击。

③ 弹着分布为圆正态分布,均匀圆形目标,各种扩展的正态毁伤函数,单次打击。

限于篇幅,这里不能写出全部表达式,例如对于情况②,式(10-14)化为

$$M = \frac{1}{4}\left[\Phi\left(\frac{\beta-\bar{x}}{E_x}\right) - \Phi\left(\frac{\alpha-\bar{x}}{E_x}\right)\right] \cdot \left[\Phi\left(\frac{\delta-\bar{y}}{E_y}\right) - \Phi\left(\frac{\gamma-\bar{y}}{E_y}\right)\right] \quad (10-15)$$

式中:α、β、γ、δ为目标区边界线对应的坐标;E_x、E_y为射击的概率偏差。

且:

$$\Phi(z) = \frac{2}{\sqrt{\pi}} \int_0^{\rho z} e^{-t^2} dt \quad (10-16)$$

如果不存在系统误差时,式(10-14)即简化为式(10-4)。但是对面目标的多次打击就不存在这样的简单表达式。任意面目标要解决有关相对毁伤值和分布函数的问题,就比较麻烦。多次打击时面目标平均相对毁伤的计算,比点目标和典型面目标复杂,因为不考虑每次打击毁伤的累加效果,后续打击再次覆盖了前已覆盖的区域,并不造成新的毁伤。

如果采用蒙特卡罗方法,需将目标区离散化,以网格中心是否落在毁伤区内来判断已覆盖的区域,并不再重复计算,可以求出一次实验中多次打击的效果进行平均来确定。

对于多次打击的相对毁伤分布函数,常用一些近似方法去解决。即用二次曲线去逼近,并利用使相对杀伤面积为最小和最大的点的跃变值以及平均相对杀伤面积和均方相对杀伤面积等保持不变,从而定出该二次函数的三个系数。

线目标的覆盖问题采用类似的方法讨论,限于篇幅,这里不一一介绍。

（4）利用蒙特卡罗方法计算对目标的毁伤。不同武器打击各种目标的方式也多种多样，无法逐一叙述，请读者参考有关专著。事实上，只有极典型的情况才能写出上述武器的毁伤计算解析式，而利用蒙特卡罗方法计算具有通用性。该方法在下面的专门章节中介绍，这里仅做些提示：

① 根据给出的瞄准点坐标和武器的概率偏差，利用随机数抽样模拟出弹丸的实际落点。

② 根据目标的位置和弹着点，判断弹丸是否命中目标。

③ 根据弹丸是否命中目标要害部位，根据武器威力和目标的防护性能，判断是否毁伤目标或毁伤目标内的单元。

④ 计算其他效率指标。

⑤ 多次反复进行上述试验，找出统计规律。

10.4.2　兵力指数损耗模型

兵力指数损耗模型的原理是用某种指数表示兵力的相对战斗能力，并按战斗中这些指数引起对方指数或武器、人员的损耗来进行建模。兵力指数是在武器战斗效能指数基础上采用加权求和或运用其他方法聚合得到的。所谓武器效能指数是用统一的尺度度量各种类别和型号的武器的战斗能力而得到的代表每种武器单件相对战斗能力的数值。指数战斗模型的任务就是根据交战双方作战单位的兵力指数决定交战的胜负结果，估计伤亡率，确定战线的推移情况。由此可以看出，兵力指数损耗模型有两个关键点：一是兵力指数的确定；二是损耗计算的方法。

（1）兵力指数的确定。关于兵力指数的确定，有关文献中有详细论述，此处不再赘述。另外有关文献还提出了一种用兵力指数表示兰彻斯特方程中兵力的方法，即通过选择方程损耗率系数使计算结果拟合实际的伤亡率曲线，一般称这样的方程为指数兰彻斯特方程。如式（10 - 17）、式（10 - 18）所示：

$$\frac{dV_x}{dt} = -\frac{1}{k_y}V_y \qquad \left(V_x(0) = \sum_{i=1}^{m} s_i^x \cdot x_i^0 \right) \qquad (10 - 17)$$

$$\frac{dV_y}{dt} = -\frac{1}{k_x}V_x \qquad \left(V_y(0) = \sum_{j=1}^{n} s_j^y \cdot y_j^0 \right) \qquad (10 - 18)$$

式中：k_x、k_y 为大于零的比例常数；s_i^x 为 x 方第 i 类武器系统的价值；s_j^y 为 y 方第 j 类武器系统的价值；V_x 和 V_y 为合成军队作战的兵力总价值；x_i^0 为 x 方第 i 类武器系统的初始数量;y_j^0 为 y 方第 j 类武器系统的初始数量。

由于式(10-17)和式(10-18)是根据武器系统价值的聚合关系,经过严格的机理分析所建立的火力指数损耗模型,它同高分辨率的兰切斯特战斗模型一样,能够反映战场环境、双方事态、武器性能、兵力大小与战斗损耗之间的平均数量关系。

(2)损耗的计算方法。下面以一个例子来简要说明利用历史数据估计损耗的方法:

第一步:确定攻防双方的兵力效能指数(以防守方为例),见表10-1。

表10-1 攻防双方的兵力效能指数

武器系统类型	数量	单件武器战斗效能指数	总指数
某型步枪	6000	1.2	7200
某型机关枪	150	6.0	900
某型机关炮	250	24.1	6025
某型迫击炮	50	120.0	6000
某型榴弹炮	40	1050.2	42008
某型榴弹炮	30	3042.0	91260
某型坦克	200	450.5	91100
防守方兵力效能总指数			244493
...	...	...	...
攻击方兵力效能总指数			1100219

第二步:确定攻防双方的兵力效能指数比。

Force Ratio(A/D)= 1100219/244493 = 4.5

第三步:确定所使用的历史经验数据(美军 ATLAS 战区模型所用的伤亡率曲线[54])。

第四步:确定攻防双方的伤亡比例,如图10-9所示。

攻方伤亡率 = 0.95

防方伤亡率 = 2.46

第五步:更新攻防双方的兵力效能指数值。

第六步:利用更新后的数据从第二步开始继续计算,直至模拟结束。

(3)兵力指数损耗模型的优缺点。

其优点是:用指数聚合方法把多种武器单位之间的交战进行了归一化表示,

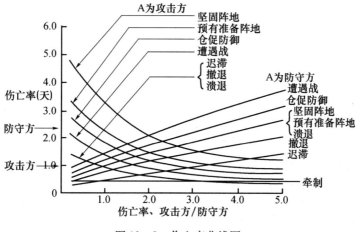

图 10 - 9　伤亡率曲线图

使得数学模型结构简单,能用于大规模战役模型而不致使模型过分复杂,并使估计分析数据更加快捷方便。另外它与指挥传统分析法相近,易被军事人员接受和掌握。

其局限性是:一是武器指数与具体作战条件无关,这与实际战争不相符;二是武器指数的简单相加不足以反映武器之间的增效作用和饱和作用;三是兵力损耗的解聚运算困难;四是历史经验数据不易获得,现有数据未能充分考虑到高新武器的影响。

基于以上特点,兵力指数损耗模型只在训练模型及大规模战役模型中应用。

10.4.3　兰彻斯特方程类损耗模型

兰彻斯特方程类损耗模型的基本形式有兰切斯特线性律和平方律。如式(10 - 19)和式(10 - 20)所示:

$$\begin{cases} \dfrac{\mathrm{d}x}{\mathrm{d}t} = -\alpha xy \\[2mm] \dfrac{\mathrm{d}y}{\mathrm{d}t} = -\beta xy \end{cases} \tag{10 - 19}$$

$$\begin{cases} \dfrac{\mathrm{d}x}{\mathrm{d}t} = -\alpha y \\[2mm] \dfrac{\mathrm{d}y}{\mathrm{d}t} = -\beta x \end{cases} \tag{10 - 20}$$

式中:α 为 X 方的兵力损耗率系数;β 为 Y 方的兵力损耗率系数;t 为时间变量;x、y 为红蓝双方在 t 时刻的瞬时兵力。

如果考虑多种武器的情况,如图 10 - 10 所示,则式(10 - 20)可进一步写为

$$\begin{cases} \dfrac{\mathrm{d}x_i}{\mathrm{d}t} = - \displaystyle\sum_{j=1}^{n} \alpha_{ij}\psi_{ij}y_j \quad (i = 1,2,\cdots,m) \\[2mm] \dfrac{\mathrm{d}y_j}{\mathrm{d}t} = - \displaystyle\sum_{i=1}^{m} \beta_{ji}\varphi_{ji}x_i \quad (j = 1,2,\cdots,n) \end{cases} \qquad (10-21)$$

式中:α_{ij} 表示 Y 方每个第 j 类战斗单元对 X 方第 i 类战斗单元的条件毁伤率;β_{ji} 表示 X 方每个第 i 类战斗单元对 Y 方第 j 类战斗单元的条件毁伤率;ψ_{ij} 表示 Y 方 j 类战斗单元用于攻击 X 方 i 类战斗单元的比例;φ_{ji} 表示 X 方 i 类战斗单元用于攻击 Y 方 j 类战斗单元的比例。

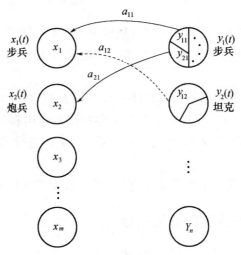

图 10 - 10　多种武器交战的情况

式(10 -21)中的 ψ_{ij}、φ_{ji} 又叫火力分配系数,显然二者值均在[0,1]之间,具体取何值依赖于己方武器的射程、对方目标的重要程度、发现目标多少等。

依据射程确定火力分配系数可用下式计算:

$$\psi_{ij} = \begin{cases} \dfrac{[R_j - R_{ij}(t)]}{\displaystyle\sum_{j=1}^{n}[R_j - R_{ij}(t)]}(R_j > R_{ij}(t) \quad i = 1,2,\cdots,m) \\[4mm] 0(R_j \leqslant R_{ij}(t),j = 1,2,\cdots,n) \end{cases} \qquad (10-22)$$

式中: R_j 为 Y 方第 j 类武器的最大射程; $R_{ij}(t)$ 为 t 时 Y 方第 j 类武器与 X 方第 i 类目标的瞬时距离。

依据目标多少和对方目标的重要程度确定火力分配系数可用下式计算:

$$\psi_{ij}(t) = \begin{cases} P_{ij}(t)N_iW_{ij} & \left(\text{若} \sum_{j=1}^{n} P_{ij}(t)N_iW_{ij} = 1 \right) \\ \dfrac{P_{ij}(t)N_iW_{ij}}{\displaystyle\sum_{i=1}^{n} P_{ij}(t)N_iW_{ij}} & \left(\text{若} \sum_{j=1}^{n} P_{ij}(t)N_iW_{ij} \neq 1 \right) \end{cases} \qquad (10-23)$$

式中: N_i 表示 X 方第 i 类目标的瞬时数; W_{ij} 表示 Y 方第 j 类武器对 X 方第 i 类目标的火力分配权值(重要程度体现); $P_{ij}(t)$ 表示 Y 方第 j 类武器的一个搜索者在 t 时至少发现对方第 i 类目标中一个目标的概率。

实际上,交战双方在战场上投入的兵力并不是同时进入战斗状态的。一般说来,在攻方的主攻方向和(或)辅攻方向上会首先发生战斗,然后扩展到其他区域。并且,大多数情况下兵力也不是均匀分布的[116]。因此,我们将战场划分为更小的单位,通过作战模型解聚和聚合来解决大规模的作战建模问题。为简化和易于分析,假定小规模的多数战斗都服从兰切斯特平方律。

假设把红蓝双方的交互解聚成 N 个小规模层次上的交互,设蓝方在其中的 N_{main} 个主要战斗分区集中兵力,在其他战斗分区以较小的兵力牵制红方。假设仍然服从兰切斯特平方定律,在主要战斗分区,战斗强度为 1。其他分区的战斗强度由因数 $m(0 \leqslant m \leqslant 1)$ 决定,当 $m = 0$ 时表示战斗强度降得最低,即非主要战斗分区未发生战斗,而当 $m = 1$ 时,则表示战斗强度未降低,即主要与非主要战斗分区战斗强度一样。导出聚合方程如式(10 - 24)所示:

$$\begin{cases} \dfrac{\mathrm{d}x}{\mathrm{d}t} = \sum_{1}^{N_{\text{main}}} \dfrac{\mathrm{d}x_i}{\mathrm{d}t} + \sum_{N_{\text{main}}+1}^{N} \dfrac{\mathrm{d}x_i}{\mathrm{d}t} \\ \dfrac{\mathrm{d}y}{\mathrm{d}t} = \sum_{1}^{N_{\text{main}}} \dfrac{\mathrm{d}y_i}{\mathrm{d}t} + \sum_{N_{\text{main}}+1}^{N} \dfrac{\mathrm{d}y_i}{\mathrm{d}t} \end{cases} \qquad (10-24)$$

设红蓝双方投入在主要战斗分区与非主要战斗分区的兵力数量之比为 P_x, $P_y(1 \leqslant P_x, P_y \leqslant N/N_{\text{main}})$,这里把 P_x 和 P_y 称为兵力部署因子。设红蓝双方投入的兵力为 $(1-f_x)x$ 、$(1-f_y)y$,则有式(10 -25):

$$\begin{cases} \dfrac{\mathrm{d}x}{\mathrm{d}t} = -\alpha\Big[\dfrac{P_{\mathrm{y}}N_{\mathrm{main}}}{N}(1-f_{\mathrm{y}})y + m\Big(1-\dfrac{P_{\mathrm{y}}N_{\mathrm{main}}}{N}\Big)(1-f_{\mathrm{y}})\,\mathrm{y}\Big] \\[2mm] \qquad = -(1-f_{\mathrm{y}})\Big[\dfrac{P_{\mathrm{y}}N_{\mathrm{main}}}{N} + m\Big(1-\dfrac{P_{\mathrm{y}}N_{\mathrm{main}}}{N}\Big)\Big]\alpha y \\[2mm] \dfrac{\mathrm{d}\gamma}{\mathrm{d}t} = -\beta\Big[\dfrac{P_{\mathrm{x}}N_{\mathrm{main}}}{N}(1-f_{\mathrm{x}}) + m\Big(1-\dfrac{P_{\mathrm{x}}N_{\mathrm{main}}}{N}\Big)(1-f_{\mathrm{x}})x\Big] \\[2mm] \qquad = -(1-f_{\mathrm{x}})\Big[\dfrac{P_{\mathrm{x}}N_{\mathrm{main}}}{N} + m\Big(1-\dfrac{P_{\mathrm{x}}N_{\mathrm{main}}}{N}\Big)\Big]\beta x \end{cases} \tag{10-25}$$

可以看出,方程系数增加了预备队百分比 f、强度降低因子 m、兵力部署因子 P 及产生策略集中的战斗分区组成。这些系数在一定程度上体现了指挥员的决心和指挥艺术,显著提高了兰切斯特方程损耗模型的可信程度,根据具体需要,还可以变化成其他形式,以简化计算。

后人还对兰彻斯特方程类损耗模型进行了其他形式的丰富和充实,如提出了混合律方程和对数律方程等,有的方程还对机动、增援、保障、目标距离等因素进行了考虑,这些研究使得兰彻斯特方程类损耗模型的可信性和实用性大大加强。

尽管如此,兰彻斯特方程在使用上还是有些争议,主要问题之一是损耗率系数的确定,很多基于兰彻斯特方程的作战仿真都是根据经验或直接主观决定对抗双方的损耗率系数,这种方式严重制约了方程本身的有效性,也使得仿真结果经常与现实偏离。现有文献对兰彻斯特方程的应用及数值解等方面进行研究较多,对于损耗系数的估计和校准研究较少,目前计算机仿真技术和分布交互仿真技术迅速发展,也使得高分辨率仿真的可信性大为提高,因此,我们完全可以利用这些有利因素来进行损耗率系数的确定。本文提出了一种利用武器本身战技指标进行损耗系数估计并用高分辨率仿真模型输出数据对损耗系数进行校准的方法,由于该方法考虑了对抗双方武器本身性能,同时又利用了高分辨率仿真数据,因此损耗系数的确定变得更为客观。

10.4.4 一致性问题

建立了聚合级损耗模型之后,我们关心的是它能否真正反映实际战斗结果。由于从实际战争或大规模实兵演习中获取真实数据的困难性,我们自然会考虑到把聚合级模型的仿真输出和高分辨率的仿真输出相比较,结果虽然不能完全说明聚合级模型的可信性,但如果两种仿真模型的输出基本一致,那么,至少说明聚合级仿真模型在精度上基本达到了要求,如图 10-11 所示。

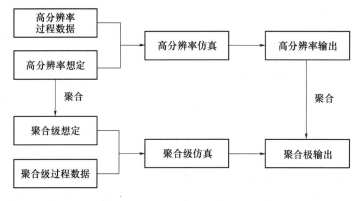

图 10 – 11　聚合级模型与高分辨率模型的一致性检验

实际上,要进行聚合级模型的仿真输出和高分辨率的仿真输出是非常困难的。这是因为高分辨率表示的过程数据与聚合级表示的过程数据几乎完全不同,要进行相应的聚合转换十分困难,即便是主观上强制进行了聚合转换,那么,最后得出的两种分辨率的仿真输出的比较也不会有满意效果。因此,对于高分辨率表示的过程数据必须进行附加处理。

10.5　损耗模型参数的估计

因为高分辨率表示的过程数据与聚合级表示的过程数据差异很大,因此,在一致性检查过程中我们必须利用基于高分辨率模型的已知数据(如武器系统的战技指标)对聚合级表示的过程数据的系数进行估计,如图 10 – 12 所示。参数估计过程属于损耗模型的一部分,但应在损耗模型运行之前运行。

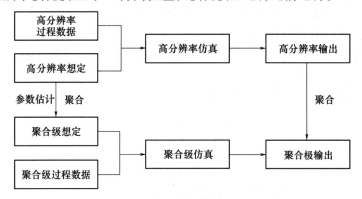

图 10 – 12　预先进行参数估计的一致性检验

一种武器对目标的毁伤率取决于该武器本身的性能、环境条件、射手战斗素质等一系列因素。除去人的因素,毁伤率一般是依赖于武器到目标距离的一个函数,而在给定距离上又具有随机性。在一定的假定前提下,通过推导,可得出损耗率系数为单件武器杀伤对方单个目标所需时间平均值的倒数,即

$$\alpha_{ij} = \frac{1}{E[T_{x_iy_j}]} \tag{10-26}$$

式中:$E[T_{x_iy_j}]$ 为 Y 方第 j 类单件武器毁伤一个 X 方第 i 类目标所需时间的平均值。

由此可见,估计损耗系数的关键是估计毁伤时间的平均值,下面即对其进行求解。由于武器对目标射击的平均毁伤时间与射击方式、毁伤机制等有关,根据地面战斗的特点,在此,我们仅考虑直瞄武器的马尔可夫相依射击方式,即武器单元将根据前一发炸点进行修正或恢复瞄准的射击方式。

射击过程中,战斗单元将处于以下三种状态:

S_1 = 搜索目标、准备发射状态;

S_2 = 射击命中状态;

S_3 = 射击未命中状态。

射击过程中,上述三种状态的转移由以下四种转移概率决定:

P_1 = 首发命中概率;

P_2 = 首发命中条件下次发的命中概率;

P_3 = 首发未命中条件下次发的命中概率;

P_k = 命中条件下的毁伤概率;

状态转移过程中的时间消耗有以下几种:

t_a = 获取新目标所需时间;

t_1 = 获取目标后至射击第一发弹的时间;

t_h = 命中后至射击下一发弹的时间;

t_m = 脱靶后至射击下一发弹的时间;

t_f = 炮弹飞行时间。

因此,可以定义武器单元在上述三种状态的持续时间为:

$$\tau_1 = t_a + t_1 + t_f$$

$$\tau_2 = t_h + t_f$$

$$\tau_3 = t_m + t_f$$

据此可得出马尔可夫链状态转移过程如图 10-13 所示,各状态间的状态转移概率如该图中所标示。

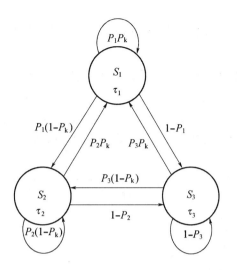

图 10 – 13   射击过程中的马尔可夫链状态转移过程

设 x_i 为从状态 S_i 转移到状态 S_1 的平均时间，x_1 则是返回状态 S_1 的平均循环时间，也就是目标毁伤的平均间隔时间，这也正是我们所要求的毁伤时间平均值。每个状态 S_i，在进入状态 S_1（目标状态）或另两个瞬时状态之前都要消耗时间 τ_i，因此，根据前面已知的条件概率可求得

$$\begin{cases} x_1 = \tau_1 + P_1(1 - P_k)x_2 + (1 - P_1)x_3 \\ x_2 = \tau_2 + P_2(1 - P_k)x_2 + (1 - P_2)x_3 \\ x_3 = \tau_3 + P_3(1 - P_k)x_3 + (1 - P_3)x_3 \end{cases} \tag{10 – 27}$$

求解上述方程组，可得

$$x_1 = \tau_1 - \tau_2 + \frac{\tau_2}{P_k} + \frac{\tau_3}{P_3}\left(\frac{1 - P_2}{P_k} + P_2 - P_1\right) \tag{10 – 28}$$

所以，由式（10 – 27）可得

$$\alpha_{ij} = \frac{1}{E[T_{x_i y_j}]} = \frac{1}{x_1} = \frac{1}{\tau_1 - \tau_2 + \dfrac{\tau_2}{P_k} + \dfrac{\tau_3}{P_3}\left(\dfrac{1 - P_2}{P_k} + P_2 - P_1\right)}$$

$$\tag{10 – 29}$$

从式（10 – 29）可以看出，只要武器单元的 τ_1、τ_2、τ_3、P_1、P_2、P_3、P_k 等数据已知，我们就可以据此估计出损耗率系数 α_{ij}。

10.6　损耗模型参数的校准

　　仅仅对损耗系数进行估计是不够的,因为估计所需数据只来自于武器系统的战术技术指标,而对于作战想定中的数据,如地形、兵力部署等因素却未与考虑,显然这不能满足一致性需求,因此还需利用高分辨率的仿真结果对聚合级实体仿真的损耗系数进行校准。校准过程如图 10 – 14 所示。

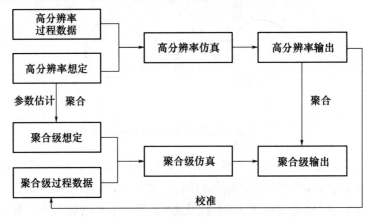

图 10 – 14　利用高分辨率输出进行校准的一致性检验

　　假定各目标之间相互独立,且仿真实体获取目标方式是串行(顺序)的,即只有对上一个目标处理完之后才能获取下一个目标,则如果考虑目标获取时间及交战概率等因素,式 9 – 19 可写为如下形式:

$$a_{ij}^{\text{ser}} = \frac{P_{X_iY_j}^{\text{eng}}P_{\text{k(LOS)}_{X_iY_j}}}{\left\{E[T_{\text{acq}_{Y_j}}] + \sum_{k=1}^{m}P_{X_kY_j}^{\text{eng}}E[T_{\text{atk}|\text{acq}_{X_kY_j}}]\right\}} \qquad (10 – 30)$$

式中:ser 表示串行获取目标;$P_{X_iY_j}^{\text{eng}}$表示射击方 Y_j 下一个要交战的目标是 X_i 的概率;LOS 表示射击方 Y_j 与目标 X_i 的连线,即通视线;$P_{\text{k(LOS)}_{X_iY_j}}$表示射击方 Y_j 在目标 X_i 消失之前击毁它的概率;$E[T_{\text{acq}_{Y_j}}]$表示射击方 Y_j 捕获下一个要交战的目标的时间期望值;$E[T_{\text{atk}|\text{acq}_{X_kY_j}}]$表示射击方 Y_j 在已经捕获目标的条件下,从准备攻击开始到击毁目标或丢失目标所消耗时间的期望值。

　　可以把交战过程分为两个阶段,即目标的获取和选择阶段、攻击选定目标阶段。第一个阶段主要受到两个变量的影响,即下一个要交战的目标类型的概率和捕获下一个要交战的目标的时间期望值;第二个阶段也受到两个变量的影响,它们是在目标消失之前击毁目标的概率和从准备攻击开始到攻击结束所消耗时间的期望值。

假设目标出现的时间服从指数分布,那么在第二阶段,可以得出

$$P_{\mathrm{k(LOS)}X_iY_j} = \frac{\xi_{ij}}{\xi_{ij} + \mu} \qquad (10-31)$$

$$E[T_{\mathrm{atk|acq}X_kY_j}] = \frac{1}{\xi_{kj} + \mu} \qquad (10-32)$$

式中:ξ_{ij} 表示射击方 Y_j 在连续 LOS 条件下击毁选定目标 X_i 的速率;μ 表示 LOS 消失的速率。

将式(10-31)、式(10-32)代入式(10-30),得到结果如式(10-33)所示:

$$a_{ij}^{\mathrm{ser}} = \frac{\left\{\dfrac{P_{X_iY_j}^{\mathrm{eng}}}{\xi_{ij} + \mu}\right\}\xi_{ij}}{\left\{E[T_{\mathrm{acq}Y_j}] + \displaystyle\sum_{k=1}^{m}\left\{\dfrac{P_{X_kY_j}^{\mathrm{eng}}}{\xi_{ij} + \mu}\right\}\right\}} \qquad (10-33)$$

为简化问题,这里给出一个串行获取目标的交战规则,即当一个目标被获取时,射击方需要立即做出一个是否攻击的决策。决策由一个固定的目标攻击概率 $P_{X_iY_j}^{\mathrm{eng}}$ 决定,这个概率是关于时间的常数,因此称这个交战规则为“给定目标的常概率交战规则”。假定如果射击方做出了一个不予立即攻击的决策,那么这个目标的如位置、姿态等相关信息将丢失。如一辆坦克为射击方,当目标是直升机时交战概率为 0.7,当目标是坦克时交战概率为 0.5,而当目标是火箭筒时交战概率为 0.3。做出上述假定后,根据概率知识可知

$$P_{X_iY_j}^{\mathrm{eng}} = \frac{P_{X_iY_j}P_{\mathrm{LOS}}\lambda_{X_iY_j}x_i}{\displaystyle\sum_{k=1}^{m}P_{X_kY_j}P_{\mathrm{LOS}}\lambda_{X_kY_j}x_k} = \frac{P_{X_iY_j}\lambda_{X_iY_j}x_i}{\displaystyle\sum_{k=1}^{m}P_{X_kY_j}\lambda_{X_kY_j}x_k} \qquad (10-34)$$

$$E[T_{\mathrm{acq}y_j}] = \frac{1}{\displaystyle\sum_{k=1}^{m}P_{X_kY_j}P_{\mathrm{LOS}}\lambda_{X_kY_j}x_k} \qquad (10-35)$$

式中:$P_{X_iY_j}$ 表示射击方 Y_j 对 X_i 类目标的攻击概率;P_{LOS} 表示射击方 Y_j 与目标 X_i 连线方向任意两点间地形平均通视概率;$\lambda_{X_iY_j}$ 表示射击方 Y_j 获取 X_i 类目标的速率。

下面求 P_{LOS} 表达式。在目标相对射击方运动的方向上,设目标在距离 R_i 处

进入可视状态,或在距离 R_j 处进入不可视状态,射击方与目标保持可视状态的距离区间为 $TR_V(i)$,保持不可视状态的距离区间为 $TR_{IV}(j)$。显然,地形通视性可用两个相互独立的随机变量序列 $\{TR_V(i)$, $i = 1, 2, \cdots\}$ 和 $\{TR_{IV}(j)$, $j = 1, 2, \cdots\}$ 表示。可以合理地假设,这两个随机变量序列是两组相互独立并具有相同指数分布的随机变量,指数分布参数分别为

$$\eta = \frac{1}{E[TR_V]}, \mu = \frac{1}{E[TR_{IV}]} \qquad (10-36)$$

满足上述假定状态的目标通视过程模型实际是一个连续时间马尔可夫链,利用正向柯尔莫哥洛夫方程可求得目标的通视概率为

$$P_{LOS} = \frac{E[TR_V]}{E[TR_V] + E[TR_{IV}]} = \frac{\mu}{\eta + \mu} \qquad (10-37)$$

将式(10-34)、式(10-35)、式(10-37)代入式(10-33),得到式(10-38):

$$a_{ij}^{ser} = \frac{\left\{ \frac{P_{X_i Y_j} \mu \lambda_{X_i Y_j} x_i}{(\xi_{ij} + \mu)(\eta + \mu)} \right\} \xi_{ij}}{\left\{ 1 + \sum_{k=1}^{m} \left\{ \frac{P_{X_k Y_j} \mu \lambda_{X_k Y_j} x_k}{(\xi_{kj} + \mu)(\eta + \mu)} \right\} \right\}} \qquad (10-38)$$

用统计方法对高分辨率仿真的实验数据进行处理,分析得出式(10-38)中各项参数的值,从而可以进行聚合级仿真损耗系数的校准。在上述证明中,进行了四个方面的假设:

(1)假定目标间相互独立。

(2)假定目标是串行获取的。

(3)假定目标的出现时间服从指数分布。

(4)假定目标的交战规则为"给定目标的常概率交战规则"。

根据研究目的的不同,可以修改上述四个假设,如可以假定目标的出现时间服从对数分布,可以研究目标是并行获取时的情况,据此,可以得出不同的兰切斯特损耗系数校准表达式。

第 **11** 章

计算机生成兵力多分辨率建模

11.1 引 言

多分辨率建模问题起源于美国兰德公司 20 世纪 80 年代中期开发的兰德战略评估系统（RSAS），1992 年在美国、1998 年在英国两次召开了关于多分辨率建模的国际会议。多分辨率建模最早应用于视景仿真领域，在计算机实时生成图形的视景仿真中一般使用透视投影绘制场景，远处的物体在显示屏幕上占据相对较小的显示区域，近处的物体则占据较大的显示区域。后者需要将其细节以较高的分辨率绘制并显示出来，而前者则没有必要以相同的分辨率进行计算和绘制，多分辨率模型由此应运而生。

在作战过程中，指挥员不仅关心本级所属下级兵力的情况，有时还需要了解更低层次兵力的情况，如师指挥员通常只关心所属团的兵力状态，但有时也需要了解营或连级兵力的情况。因此，师级兵力模型中应有分辨率为团及分辨率为营或连的模型。

实际作战中会有不同级别的部队参与，与此相对应，在作战仿真系统中必然存在不同分辨率的实体模型。

11.2 多分辨率建模的相关含义

11.2.1 术语辨析

分辨率（Resolution），简单地说就是指人们对一个客观对象的分辨程度。

"横看成岭侧成峰,远近高低各不同"就是这个道理,对于一个具体的对象,观察它的角度、位置不同,它在你头脑中相应地会有不同的印象,这个印象就是这个具体对象在某一个角度、位置上反映出来的"分辨率"。对于客观世界中的一个对象,当在仿真世界中用模型表示它的时候,可以根据"需要"建立"细节程度"不同的一系列模型,这一系列模型就是多分辨率模型,这个建模的过程就是多分辨率建模。这里所说的"需要",就是观察这个对象的角度,"细节程度"指的是分辨率的高低,细节程度高即为高分辨率模型,反之则为低分辨率模型。

举例来说,对于庐山这座名山,艺术家可从一幅丹青画中了解它,游客可从一本导游手册中了解它,军事家则可从一张军用地图中了解它。相应地,艺术价值、旅游价值、军事价值就是观察庐山的三个角度,丹青画、导游手册、军用地图则是庐山三种不同分辨率的"模型"。对于游客来说,导游手册是他的高分辨率模型,因为手册提供了旅游路线、景点介绍、餐饮服务等一系列信息;而军用地图对他来讲则是低分辨率模型,因为军用地图提供的对于游客有用的信息可能只有上下庐山的道路。相反,对于军事家而言,军用地图是他的高分辨率模型,因为地图提供了道路、高程、坡度、植被等一系列信息,而导游手册对他来讲就成了低分辨率模型。

在国内外的文献中,对于"多分辨率建模"这样一个概念有各种各样的叫法,例如国内还有"多细节级建模"、"可变分辨率建模"等说法,国外则有 multi – resolution modeling、multi – representation modeling、variable resolution modeling、modeling at different levels of detail 和 variable repress – entation modeling 等名词。不同的称谓,所代表的含义是有所变化的。

(1)"可变的"(Variable)这个词容易使人以为模型是连续可变的,这个词不再被使用。

(2)"分辨率"(Resolution)这个词暗示了模型内部空间和时间的变化,同时也应包含用不同建模方法所建立的模型。

(3)"多种表示"(Multiple Representations)指的是用不同的(有限数量)精细程度去描述现实世界并进行不同描述程度之间的转换。

(4)"表示"(Representations)一词,人们通常认为它指多分辨率模型中的某一种分辨率的表示,而不是指整体。

(5)"逼真度"(Fidelity)和"分辨率"两个词之间也存在着混淆,这两个词之间重要的区别是:逼真度指的一个模型反映现实世界的程度,通俗点说它是指像不像现实世界的问题。分辨率指的却是一个模型时间和空间的自然状态,它和现实世界并没有对照关系,它是现实世界怎样去表示的问题。因此,完全有可能低分辨率的模型有高逼真度,高分辨率的模型却有低逼真度。

综合各种看法,在本文中采用"多分辨率建模"(Multi - resolution Modeling)这一提法,它是指针对同一系统或过程建立不同分辨率的模型,且保持这些模型所描述的系统或过程特性的一致性,系统运行过程中根据某种机制选择一种合适的分辨率的模型来满足系统需求。

那么对于一个具体对象而言,到底应该从几个角度对其进行建模呢? 这点在客观世界中绝对没有一个统一的标准,应具体问题具体分析。

在军事领域的作战仿真中,本文认为主要从两个方面加以分析,即实体属性(Attribute)和建模过程(Process)。如,一个坦克连实体模型,它描述了十个平台级的单坦克实体。就属性而言,它是高分辨率的。但如果假定各坦克完全一样,按相同速度推进,或者把坦克连的损耗平均分配给各车,则此模型虽然在实体属性上是高分辨率,但就建模过程而言它又是低分辨率的。

根据以上观点,实体模型可以分为四种:

(1)高分辨率属性、高分辨率过程模型。

(2)高分辨率属性、低分辨率过程模型。

(3)低分辨率属性、高分辨率过程模型。

(4)低分辨率属性、低分辨率过程模型。

模型的分辨率与模型的层次没有确定对应关系。某一层次模型容许多种分辨率描述。例如,高层次模型一般是低分辨率的,因为低分辨率模型可全局描述作战过程,进行大量不确定下的方案选择分析,并可以快速求解。但高层次模型有时也需要对有限时间、有限空间的关键作战行动进行高分辨率建模,以提供关于作战行动的详细描述,逼真反映多种物理因素影响作战过程的机理并校准低分辨率模型。

11.2.2 研究范畴

多分辨建模研究主要包括以下三个方面。

1. 战场环境数据表示和动态更新

在分布交互仿真过程中,存在着两种与环境有关的交互现象。一种是实体对环境的作用,如武器的爆炸改变了自然环境;另一种是环境对环境的作用,如不同的气象条件可能改变了某一地区的地形或电磁特性。无论哪一种交互现象都需要通过对环境的描述反映出来。其中,对于环境中动态变化部分的描述一般采用两种方式,一种方式是对其状态做分级描述,建立不同分辨率的模型,如将一座桥梁的状态描述为几种被毁伤程度,在数据库中用一个枚举型的数来表示;另一种方式是要对被描述对象建立其状态变化的仿真模型。如当要对桥梁的变化做详细描述时,则要对桥梁在承受外力以后其外形变化做详细的描述。这种对环境的描述方式实际上是将环境中的一部分作为实体来描述。在对环境进行了正确的描述之后,还需要将环境的变化通报给该环境中的其他仿真应用,只有这样才能够保证整个仿真过程与真实世界中的实际情况相符。

分布交互仿真系统中存在不同分辨率的 CGF 实体,不同分辨度的实体模型需要不同分辨度的地形数据。如,100m 分辨力的地形数据对于坦克团模型来说足够了,但平台级单坦克可能需要分辨度为1m 的地形数据。

2. 视景显示的动态更新

分布交互仿真系统中的环境数据库虽然能够实现动态更新,但是系统能否及时地将这些更新数据在视景中反映出来也是需要关注的重要内容。在虚拟环境生成技术中,对地形或实体进行高逼真度的三维视景显示本身已经不存在技术难点,但问题是如何能够在实时的情况下,根据动态数据库中的更新数据显示视景。这就需要采用适当的算法和显示内存调度方法,尽量减少视景刷新一次所需的时间。还需要采用多分辨率建模技术,建立地形和实体的三维表示模型,并实现不同分辨率模型间的切换。实现模型之间的切换需要考虑以下两个方面的问题:

一是多细节层次生成及其连续性 。同一对象的不同细节等级的模型可以以离散的形式或者连续形式存在。离散的多细节模型是指对象的各个细节层次描述模型在建模过程中自动或者手工生成并存储于模型数据库中,仿真系统实时运行时,LOD 切换实际上就是不同分辨率模型的转换显示;连续性多细节模型则是在模型数据库中只维持一个关于该对象的描述模型(一般是关于对象的精确描述),仿真运行过程中,采用简化或者增强的算法实时生成不同分辨率的模型用于显示。当不同细节层次模型切换时要求保持视觉效果的连续性,视觉效果的突然变化会影响仿真演练对虚拟环境的沉浸感。连续多细节模型切换时,可以采用一定的算法实现相邻细节间的转换,带来良好的视觉连续性,也可通过递归剖分或者合并多边形来实现连续 LOD 细节模型的切换,连续性多细节模型的运算占用了大量的计算资源,对视景仿真系统的实时性产生一定的负效应;离散的多细节模型在切换时,则会由于不同细节在几何构造以及纹理方案等方面的突然变化导致较为明显的视觉不连续现象。改进离散的多细节模型视觉不连续性的可行办法通常有两种:一种方法是在相邻细节等级模型间维持较小的变化程度以获得细节等级切换时不易察觉的视觉突变;另一种方法是在相邻的细节等级模型间维持较大的变化,运行时间采取简单的算法渐变完成细节等级模型间的切换,例如在相邻细节等级模型间通过像素融合产生中间细节等级模型从而平滑视觉效果。

二是不同分辨率模型间切换的判据。一种方法是采用视点到对象模型的距离作为 LOD 切换的判据,这符合人的观察和感知特征,远离观察点的对象的复杂细节被忽略以低分辨率的模型表示,而靠近观察点的对象以高分辨率模型表示。另一种方式是看对象在屏幕上的显示像素面积。当对象经过投影、消隐以及一系列变换在屏幕显示时,显示面积的大小影响人眼对其的敏感和感知程度;对于显示面积较小的对象则可以采用较低的分辨率模型来表示。在实际仿真应用时,一般选择视点到被观察对象的几何中心的距离作为 LOD 切换判据,按照精确模型、复杂模型、简单模型的顺序建立一物体 LOD 模型的有序递减表。

3. 计算机生成兵力

随着计算机技术的发展,分布仿真环境的真实感、沉浸感都得到了明显提高,随着作战仿真的逐步深入,分布交互仿真将集真实兵力演练、虚拟仿真与构造仿真于一体,由此要求 CGF 实体以不同的粒度出现,如平台级的单坦克 CGF、平台级的坦克排 CGF、聚合级的坦克营 CGF 等,这种有不同粒度模型参加的仿真称为多分辨率仿真。因此,在 CGF 建模时应根据仿真应用层次决定 CGF 模型在实体(即模拟单位)大小、空间属性、时间属性和效能属性等方面的"粒度"或分辨程度,避免力图在模型中包含所有因素的做法。

11.3　多分辨率建模关键技术

11.3.1　多重表示间的交互性

首先,在一个多重表示的环境中,存在着不同分辨率的多种模型,因此也就必然存在着高分辨率与高分辨率、低分辨率与低分辨率和高分辨率与低分辨率模型之间相互交互的问题,例如平台级的坦克连模型和聚合的坦克连模型同时按营下达的命令行动或平台级坦克连与对方聚合级坦克连交战,这就要求这两种不同分辨率的模型保持协调一致,并且交互的结果能正确反映到两种不同层次的模型中去。

其次,在一个多重表示的环境中,可能存在着并发交互的情况,即一个模型同时与几种不同层次模型交互的问题。如一个聚合级的坦克连模型 E_1 同时与另一方的一个聚合级的坦克连模型 E_2、一个平台级坦克连模型 E_3 相交互,这样 E_1 就需要有一种机制来解决多重表示间交互的有效性问题。

最后,相互依赖的交互问题,即一个交互可能对另外一个交互有促进或抑制作用,多分辨率模型也应解决这样的问题。如主要作战方向上的突破可能会对次要作战方向的顺利进行起到非常有利的作用。用上一段的例子来说,E_1 和 E_2 之间的交互结果可能会对 E_1 和 E_3 之间的交互结果产生很大的影响。

11.3.2　多重表示间的一致性

多重表示间的一致性即高、低分辨率模型所表示的系统过程的一致性,它分为静态时的一致性和动态时的一致性两种情况。所谓静态一致性,就是指在没有交互的情况下,某一个模型的信息要能正确反映到各种不同分辨度模型中去。举例来说,大家同时看一辆坦克,甲距离远,他的头脑中是一辆坦克的描述,乙距离比较近,他头脑中的描述是一辆 M1 式坦克,丙距离最近,他得到的信息是一辆失去机动性能的 M1 式坦克,这时我们说,甲乙丙三人对这个车辆的描述是一致的。如果甲看到的是一辆坦克,而乙看到的是一台汽车,那么他们对这个车辆的描述就是不一致的了。也就是说各种模型对某一个模型的描述只能有粗细的差别,不能有本质的差别。所谓动态一致性是指各种模型在交互时所发生的变化要能正确反映到其他模型中去。如对于上一小节所讲的三辆坦克之间的交互形式,两个不同分辨率的仿真实体同时与第三个仿真实体交互,这两个仿真实体在交迭的仿真时间内有第三个仿真实体一致的属性。

11.3.3　资源开销的有效性

资源开销的有效性即高、低分辨率模型在仿真运行过程中所占用的系统资源与所代表实体性能间的关系。高分辨率模型所占用的资源多,但它可以表示更多的细节,能更真实地表现所描述的实体对象;低分辨率模型所占用的系统资源少,但它的模型粗糙,简化了很多细节,只能在一定程度地反映其所描述的实体对象。

11.4　多分辨率建模方法

较为典型的实现 CGF 多分辨率建模的方法有下面所介绍的三种。

11.4.1　优化选择法

优化选择法的基本思想是只执行最详细、分辨率最高的模型,根据需要,选择性地执行其他分辨率的模型。当对一个过程的所有时间段都进行详细地描述时，这种方法是必要的。主要优点是在仿真运行过程中模型的分辨率不发生变化，仿真结果的一致性较好。这一方法的不足主要体现在以下几个方面：

（1）运行最详细、分辨率最高的模型往往要占用大量的计算资源，影响仿真系统运行的效率。

（2）最详细、分辨率最高的模型往往是最复杂的模型，建模的主要目的之一就是要对某一现象进行合理简化，以便于研究。而执行最详细、分辨率最高的模型会增加建模和仿真运行的复杂性。

11.4.2 聚合—解聚法

聚合—解聚方法是对低分辨率模型进行解聚，或者对高分辨率模型进行聚合，以确保实体在同一层次上进行交互。在仿真运行过程中，一般运行低分辨率的模型，当需要更多的细节时，触发解聚，执行高分辨率模型，当不再需要细节描述时，触发聚合，继续运行低分辨率模型。

聚合—解聚方法能较好地节约仿真系统的计算资源，但在仿真运行过程中，模型的粒度会发生变化，使得对同一实体的表述有可能出现不一致性的问题。

11.4.3 多重表示建模

采用多重表示建模方法实现多分辨率建模，基于以下四个方面的假设：

（1）两个交互的实体必须在同一表示层下进行交互，这样交互的规则才对双方都有意义。因此，每个实体所对应的对象和过程必须在可能交互的所有层次上进行建模。

（2）多重表示下并发交互的效果一定可以被有效地表示。

（3）并发交互可以是相互依赖的。

（4）时间的差异可以引发仿真过程的矛盾。

多重表示建模方法的基本思想是：建立一个多重表示实体（Multiple Representation Entity，MRE），它能使一个实体的多种表示在所有时间内共同存在。如图 11-1 所示。在该图中，多重表示实体 E_1 由两种层次的模型组成，即模型 A 和模型 B。二种层次的模型之间由交互分解模块 IR（Interaction Resolver）和一致性维护模块 CE（Consistency Enforcer）相联系。

多重表示建模方法包括以下六个步骤：

（1）根据对象类结构表和属性/参数表构造 MRE 模型。

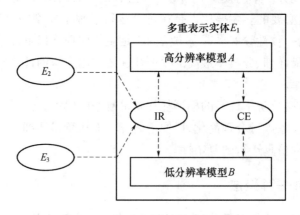

图 11 - 1 多重表示建模原理图

（2）根据属性/参数表和属性关联表构造属性依赖关系图。

（3）在属性关联表中根据依赖关系选择映射函数。

（4）根据对象交互表决定交互产生的影响。

（5）根据并发交互表解决并发交互的效果。

（6）构造一致性维护模块 CE 和交互分解模块 IR。

其中，CE 通过捕获各部分间的联系来维护各部分的一致性，CE 由一个属性依赖关系图（Attribute Dependency Graph，ADG）和映射函数组成，当一种表示的状态改变时，CE 通过 ADG 决定其他表示状态怎么改变，CE 通过调用申请特别的映射函数执行实际的改变，这个函数把一个表示中的改变翻译到另外一个表示中。IR 的作用是使发生在交迭仿真时间段内的交互能被正确地应用。例如一个化学反应的模型，E_1 表示一种酸的数量，E_2 为一种反应物，E_3 为一种催化剂，E_2 和 E_3 同时加入交互的效果要比 E_2 和 E_3 单独加入交互效果的和要大，IR 要能正确表示这种差别。

MREs、ADGs、交互的分类法和 CE 与 IR 的构造法使多分辨率模型以最小的花销实现了多层次模型间的交互的有效性和表示的一致性。

11.5 多分辨率建模仿真应用

以"海军陆战队加强营登岛作战"为想定，分别开发了聚合级实体仿真系统、平台级实体仿真系统和多分辨率实体仿真系统，通过比较上述三个仿真系统的区别和联系说明多分辨率建模方法的仿真应用。

11.5.1　作战想定

三个仿真系统都采用 HLA 体系结构,由红方、蓝方、白方构成。

红方为实施登陆作战的海军陆战队加强营,按照作战想定,红方兵力下登陆舰后泛水编波,向岸上发起冲击。冲击过程中对岸上目标实施射击。整个作战行动分五个时节。

第一时节:泛水自航。其时空坐标为:从第一梯队进至距敌岸 8km 开始离舰时起算,到距敌岸 4km 开始编波时结束。

第二时节:展开编波。从第一梯队距敌岸 4km 开始编波时起算,到距敌岸 3km 开始冲击时结束。

第三时节:泛水冲击。从第一梯队距敌岸 3km 开始冲击时起算,到第一梯队抢滩上陆时为止。

第四时节:前沿战斗。从第一梯队抢滩上陆起算,到攻击至敌一线排阵地后沿时结束。

第五时节:纵深战斗。从攻占敌一线排阵地时起算,到攻占敌二线排阵地时结束。

蓝方为岸上防守方,按作战想定部署防御阵地。在红方向岸上发起冲击的过程中,蓝方对红方实施阻击。

白方为仿真管理,负责仿真过程的数据初始化、启动、暂停、继续等控制,采集记录仿真过程的数据信息,用于作战过程回放和作战效能评估。

红方战斗编成见表 11 - 1。

表 11 - 1　红方海军陆战队加强营战斗编成表

建制	营部		两辆步兵战车
	3 个步兵战车连	连部	一辆步兵战车
		3 个步兵战车排	每排 3 辆步兵战车
配属	水陆坦克连	连部	一辆指挥坦克
		3 个水陆坦克排	每排 3 辆水陆坦克
说明:全营共有 32 辆步兵战车、10 辆水陆坦克。每个战车 8 人,其中 3 个乘员、5 个载员(分别为 2 个步枪手、1 个机枪手、2 个枪榴弹发射器手)			

蓝方战斗编成见表 11 - 2。

表 11 - 2　蓝方第 1 步兵营 B 连战斗编成表

建制	连部		11 人
	3 个步兵排	排部	3 人
		3 个步兵班	每班 9 人,分别为班长、副班长,5 个步枪手,枪榴弹兵,火箭筒手
		1 个火力班	10 人、轻机枪 3 挺
配属	M60A3 坦克排		3 辆 M60A3 坦克
支援	旅炮兵营		105 榴
说明:每个步兵班有枪榴弹发射器 1 具、66 式 66mm 火箭筒 1 具			

11.5.2　仿真系统设计

1. 聚合级实体仿真系统

该系统由 5 个联邦成员组成,分别是:

成员 1:红方步兵战车营(三个步兵战车连)。

成员 2:红方水陆坦克连。

成员 3:蓝方机步连及其配属力量,负责模拟蓝方所有聚合级实体。

成员 4:白方(仿真管理、二维态势显示)。

成员 5:三维视景显示。

聚合级实体仿真系统的联邦结构如图 11 - 2 所示。

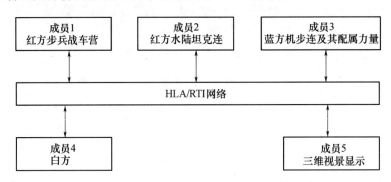

图 11 - 2　聚合级实体仿真系统联邦结构示意图

　　在聚合级实体仿真系统中,实体全部由聚合级实体构成,整个系统采用时间步进法进行仿真驱动。聚合级实体的损耗模型采用兰切斯特方程建立,并转化成差分方程求解。在交互过程中,不考虑单元间的增援情况,即一个单元与其他单元交互时,不会同时有第二个交互发生(或理解为一个单元不能同时与两个或两个以上的单元交互)。

2. 平台级实体仿真系统

平台级实体仿真系统的联邦结构和聚合级实体仿真系统的联邦结构一样,如图 11-2 所示。系统由 5 个联邦成员组成,所模拟的实体与聚合级实体仿真系统一样,所不同的是,每个联邦成员所模拟的实体都是平台级的,即实体的分辨度是各成员的单件武器。

平台级实体仿真系统采用事件调度法建立仿真模型,即将事件例程作为仿真模型的基本模型单元,按照事件发生的先后顺序不断执行相应的事件例程。整个系统共有三类十种事件,机动类事件包括机动开始事件、进入新网格事件、到达网格中心事件、到达路径节点事件和机动结束事件,射击类事件包括观察搜索事件、目标选择事件、射击事件和毁伤评估事件,决策类事件包括取下一命令事件。

3. 多分辨率仿真系统

多分辨率仿真系统对红军的水陆坦克连建立聚合级及解聚级两种分辨度的实体模型,仿真开始时坦克连以连为单位进行聚合级实体状态仿真,其他实体以平台级实体状态进行仿真。当作战行动进入第三时节,也就是冲击时节后,聚合级实体状态的坦克连解聚为单坦克,并与其他平台级实体发生交互。攻占敌连指挥所后再重新聚合。

多分辨率仿真系统由 6 个联邦成员组成,分别为:

成员 1——红方步兵战车营。

成员 2——红方配属坦克连(聚合状态)。

成员 3——红方配属坦克连(解聚状态)。

成员 4——蓝方机步连及其配属力量。

成员 5——白方(仿真管理、二维态势显示)。

成员 6——三维视景显示。

多分辨率仿真系统联邦结构如图 11-3 所示。

无论上述哪种形式的仿真系统,联邦成员框架分为单成员模式、多成员模式和双成员模式,如图 11-4 所示。

在单成员模式中,聚合级的低分辨率实体和解聚状态下的高分辨率实体在一个联邦成员内。该方法的优点是不同分辨率实体间不必通过 RTI 交换信息,因此能减小网络负担。

多成员模式则将聚合级的低分辨率实体和解聚状态下的高分辨率实体分别

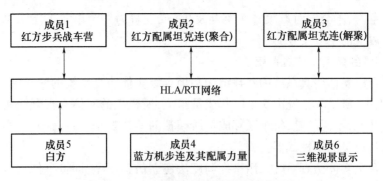

图 11 - 3　多分辨率仿真系统联邦结构图

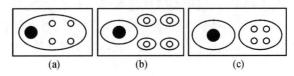

图 11 - 4　联邦成员框架的类型

◯代表联邦成员；●代表聚合实体；○代表解聚实体。

在不同的联邦成员中实现。该方法方式灵活、易于并行化,不足之处在于各实体之间的交互都要通过 RTI 来进行,很明显,当解聚后的实体较多时,网络负担会过重。

双成员模式将聚合实体作为一个成员,将所有解聚实体作为另一个成员。考虑到网络负担与并行性的平衡,本系统选择双成员模式设计联邦成员框架。

系统仍采用事件调度法建立仿真模型,整个仿真系统共有四类十二种事件,除包含平台级实体仿真系统的事件之外,增加了聚合解聚模块中的事件,它包括聚合事件和解聚事件。

11.5.3　基于 HLA 的多分辨率建模实现

以下介绍与多分辨率模型实现相关的 HLA 服务。

1. 声明管理与数据分发管理

在多分辨仿真系统中,声明管理与数据分发管理与单分辨率系统并无太大差异,只是在确定聚合级成员与解聚级成员的属性时需加以注意,如聚合级成员对象类的属性应包括位置、速度、方向、剩余兵力等,而方向角、俯仰角、射击精度、剩余弹量等则应属于解聚成员对象类的属性。

2. 所有权转移

多分辨率仿真系统的所有权管理既包含了“推”模式的所有权管理,也包含了"拉"模式的所有权管理。

在仿真过程中,当步兵未下车时,其步兵班的诸如位置、方向、毁伤状态等实例属性采用"推"模式进行转移,交由相应的步兵战车对象进行属性更新;而当步兵下车后,步兵班再将这些属性由步兵战车对象处"拉"过来,自己负责它们的更新。另外,当聚合级坦克连收到解聚请求时,坦克连将发生解聚,其聚合级的属性如:位置、方向等将不再由聚合级联邦成员更新,其状态将被置为 unowned,待其重新收到聚合请求时,再用"拉"所有权转移方式重新对这些属性进行更新。

在进行所有权转移过程中有如下问题需要特别注意:如实体 ID 问题,在所有权转移前后,转移过程中所涉及的对象实例的实体 ID 不能变化,这将有助于所有权转换的一致性,即便是一个对象再无任何属性需要其更新,它的实体 ID 也必须予以保留。实体 ID 是仿真运行过程中实体身份的唯一标识,通常我们会在演练初始化时加以设定。还有转移前后属性的精度问题,即一些实例属性在经过所有权转移后,还能否保持原来的精度。例如,一辆坦克本身具有链接部件,因此它有炮塔的方向角及炮管的俯仰角等属性,但如果把坦克对象的所有权转移到水面舰艇联邦成员时,这些属性的精度将大大降低,即水面舰艇上所有坦克的位置、姿态、链接部件等属性将全部一致。

3. 时间管理

对于多分辨率仿真系统来讲,时间管理的主要内容是如何协同调度各成员间不同的仿真时间推进机制。仿真系统的各联邦成员的对象属性或交互均采用基于时戳顺序 TSO(Time Stamp Order)收发消息,采用基于可靠的发送方式(Reliable)进行传输服务,它们直接在联邦执行文件 FED 中进行描述,RTI 在初始化时获取这些信息,然后按照相应的处理方式收发消息。由于各成员均收发 TSO 消息,所以它们的时间管理策略初始均置为"既时间控制又时间受限",联邦运行过程中,用户可以通过 RTI 服务动态地对其进行更改。

4. 管理服务

HLA 提供了很好的框架用于仿真集成和交互,但是在 HLA 仿真中提供的建模方法能力有限,HLA 对象模型模板 OMT 并没有给出一个有效的多分辨率建模解决方案。RTI 提供的服务中也没有为多分辨率对象间的操作提供服务。

在目前的多分辨率仿真中,很多操作都是公共的,如:多分辨率实体对象所有权的转换、多分辨率模型转换的触发机制、多分辨率模型间的转换方法、如何调用转换函数、聚合请求及应答、解聚请求及应答等。这些操作都可以设计成可重用的基本函数,作为 RTI 管理服务,即多分辨率管理服务,嵌入到 RTI 中去,也可以做成插件的形式或作为一个基本成员提供给用户。这些服务包括：

（1）注册服务：以低分辨率实体注册、以高分辨率实体注册，将高分辨率实体与低分辨率实体关联。

（2）聚合—解聚服务：发送聚合—解聚请求、触发聚合—解聚、实施聚合、解聚、反射聚合、解聚结果，模型间一致性协调请求，模型间一致性协调。

（3）数据服务：请求聚合所需数据、请求解聚所需数据，发送聚合数据、发送解聚数据。

第 12 章

计算机生成兵力的聚合—解聚

12.1 引　言

平台级战术仿真系统、聚合级战略战役仿真系统属于不同分辨率的仿真系统。如集团军战役仿真系统的最小仿真对象是团,战术仿真系统的最大仿真对象是营。实现上述不同分辨率仿真系统之间的互联互通是作战仿真发展的必然趋势之一。

在同一仿真系统内部,也存在着不同分辨率实体交互的情况。如研究一个聚合级的坦克营和一个平台级坦克连之间的交战所建立的作战仿真系统。

不同分辨率的仿真系统或不同分辨率的仿真实体之间的交互需要解决的一个关键问题是模型或实体的聚合—解聚。简单地说,就是把高分辨率的模型、实体聚合为低分辨率的模型、实体或把低分辨率的模型、实体解聚为高分辨率的模型、实体。如上述的聚合级的坦克营和平台级的坦克连之间的作战仿真,既可以把聚合级的坦克营解聚成几个平台级的坦克连,也可以把平台级的坦克连聚合成坦克营。

聚合—解聚问题实质上是高、低分辨率模型之间相互转化的问题。在仿真运行过程中,运行低分辨率仿真实体模型,当需要更多的细节时,触发解聚,执行高分辨率仿真实体模型,当不再需要细节时,触发聚合,继续执行低分辨率仿真实体模型。

聚合—解聚是仿真过程中频繁发生的一个动态过程,二者是相对应的。因此,研究聚合级 CGF 必定涉及到聚合—解聚,聚合—解聚方法就是通过对低分辨率模型进行解聚,或者对高分辨率模型进行聚合,以确保不同分辨率的实体在同一层次上交互。

12.2 聚　合

12.2.1　概念

聚合的概念和方法起源于经济学,现已应用到工程技术、生命科学及社会系统领域,成为构造复杂系统模型的重要方法。所谓聚合(aggregation,HRE→LRE),简单地说,就是把若干个体汇总成为能表示这些个体总和的综合体。即,聚合是从高分辨率的模型向低分辨率模型的转变方法。社会经济系统中,由描述大量单个企业生产、经营活动的微观经济模型求得描述国家国民经济发展的宏观经济模型就是一种聚合。

聚合是一个相对的概念。在现实世界中,并不存在绝对的平台级实体与绝对的聚合级实体。如把一辆坦克称为平台级实体,但它也是由车长、炮长、驾驶员、装填手和坦克本身所构成的聚合体。或者说一个步兵是由步兵本人和所持武器所构成的一个聚合体。再如在一个营规模的对抗系统中,一个坦克连是一个聚合级实体,但在军规模的系统中,它却会变成平台级实体。因此,这里所说的聚合是一个相对概念,它完全是根据仿真需要而确定的。

聚合过程可分为三个阶段:

(1) 由某个事件驱动聚合。

(2) 把聚合实体的控制权转交给聚合模型。

(3) 聚合实体开始进行仿真。

12.2.2　聚合的特点

聚合的特点主要包括两个方面:

一是信息减少。把多个个体集中到一起时,聚合消除了这些个体间的差别,因而减少了信息。

二是不可逆性。即多个个体的差别与特征不可能从其聚合表示中再现。因为聚合本身是对事物从个别到一般的抽象。按照辩证思维的观点,"共性比个性深刻,它只能大致地包括个性,而不能完全代替个性;个性比共性丰富,但它不能完全进入共性之中"。因此,在构造聚合模型时,不要指望由"解聚"重新获得个体的详细特征。

建立聚合模型时。一般按照模型层次确定模拟对象的聚合特性(属性和状态)。描述作战单位的兵力时,当作战单位由单一类型装备组成时,可用该型装备的数量表示;当作战单位由多重装备组成时,问题就没有这样简单了。如对摩步营来说。一种方法是用全营各类武器装备(坦克、战车、火炮等)的数目表示,这种描述方法按武器装备类型对全营编制单位进行聚合而得出。另一种方法是用一个表示全营各类武器装备作用能力的指数表示,这种表示实际上包含了两种聚合,对全营各编制单位的聚合和对各类武器作战能力的聚合。

在上述兵力聚合表示方法中,营规模作战兵力如果有损失,则由组成该营的各连按相同比例承担损失。这种聚合表示方法显然失去了其战术特性。如,当一个团损失 1/3 的兵力时,如果是每个营都损失 1/3,则这个团还能执行战斗任务;如果是其中的一个营完全被歼灭,该团同样是损失 1/3 的兵力,但这种情况下,该团无法执行战斗任务。这种差别,从以团为单位的兵力建模中是看不出来的。

描述作战单位的聚合特性关系到模型能否实现其预定功能。建立作战单位聚合模型时需考虑的最基本聚合特性是该作战单位的兵力构成和空间位置。除此以外,还需要考虑作战单位的其他特性(如任务、机动能力、工程保障能力、防护能力等)和相互间关系(空间部署、指挥、控制)等方面的聚合特性。

在确定建模对象并定义了其聚合特性之后,便可以依据作战行动的规则(如战术条令)或一般规律建立模型了。在建模中常用的定量方法有统计方法、概率方法、优化方法和系统动力学(微分方程)方法等。上述这些方法并不都适用于每一类问题的。在某一情况下,一种方法比另一方法更有意义;在另一情况下,情况可能恰恰相反。

12.2.3 聚合的基本形式

模型聚合一般有三种形式:

一是同质模型的聚合。所谓同质模型,主要指建模原理、方法相同或模型的输入输出数据性质相同的模型。同一模型运行于不同环境,产生不同效果,在求取整体效果时,需要聚合。

二是异质模型的聚合。所谓异质模型,主要指建模原理、方法不尽相同或模型的输入输出数据属性不一样的模型。例如,美陆军上校杜派提出的武器理论毁伤效能指数为武器射击速度、可靠性、精度、毁伤效能、射击因子的乘积。射击速度、可靠性等都属于异质模型。

三是混合模型的聚合,指聚合的模型中同时含有同质和异质模型。

12.3 解 聚

解聚(Disaggregation)是实现低分辨率模型、实体向高分辨率模型、实体的转化。解聚是聚合的相反过程,它也包括三个阶段:

(1)由某个事件驱动解聚。

(2)控制权从低分辨率模型、实体转移到高分辨率模型、实体。

(3)每个高分辨率模型、实体单独开始进行仿真。

仿真开发人员针对不同的应用环境和网络协议,提出了不同的聚合解聚方法,其中最常用的有四种,分别是完全解聚法、部分解聚法、PlayBox 法和伪解聚法。

12.3.1 完全解聚法

完全解聚法指的是一个低分辨率实体(Low Resolution Entity, LRE)解聚成它所表示的高分辨率实体(High Resolution Entity, HRE)的过程。图 12 - 1 描述了低分辨率的实体 L_1 和 L_2 遇到高分辨率实体时发生解聚的过程。

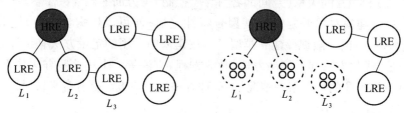

图 12 - 1 完全解聚

完全解聚发生在一个 LRE 和 HRE 建立联系的时候。完全解聚保证了所有实体在同一表示层发生交互。但是完全解聚做了很多无用的工作,如:虽然只有 LRE 表示的 HRE 中的一部分和某个外界的 HRE 发生了交互,但是该 LRE 表示的 HRE 都要被解聚开。更坏的情况是,完全解聚可能导致链解聚(Chain Disaggregation)。所谓链解聚是指当互相交互的 LRE 中一个和 HRE 发生交互而发生解聚时,会导致和该 LRE 发生交互的其他 LRE 发生解聚(图 12 - 1 中的实体 L_3)。完全解聚过程中产生的大量实体会对系统性能提出更高的要求。因此,完全解聚只在小规模的多重模型系统中有一些应用。

12.3.2　部分解聚法

部分解聚法通过对 LRE 的部分而不是全部解聚来克服完全解聚的缺点。如图 12 – 2 所示,在 LRE 中的 L_2 中生成了一个分区(Partition),这样只有和已经解聚的 L_1 发生交互的属于 L_2 的那部分才发生解聚。L_2 中其余部分则继续和 LRE 中的 L_3 进行交互。

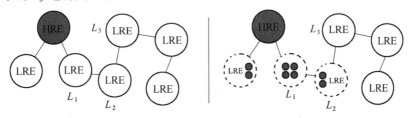

图 12 – 2　部分解聚

部分解聚能控制发生链解聚的可能性。这种可能性取决于在一个 LRE 内部构建一个分区的难易程度。构建分区的标准是能防止部分解聚演变成完全解聚。

12.3.3　空间区域解聚法

所谓空间解聚法,是在战场空间中事先划分出一个空间。只有高分辨率实体才可以进入该空间区域。从理论上说,该空间区域可以定义在战场空间中的任何地方。那些在该空间区域外的 LRE 进入该区域后,必须解聚成 HRE,同样当某个 LRE 的所有成员都离开该空间区域后,这些成员又会聚合成 LRE。解聚区域的选取地点和设定的区域边界通常都是静态的。

空间区域解聚法会导致实体被不必要的解聚,例如,当一个实体进入空间区域但是没有和该空间区域中的其他实体发生交互时就会被解聚,更严重的是,当一个实体快速地进入和离开该空间区域时(如图 12 – 3 中的 LRE L_2),将会引起该实体被频繁地聚合解聚,从而可能导致系统崩溃。

另外,在空间区域边界上的跨分辨率的交互需要被单独处理(图 12 – 3 中解聚了的 LRE L_2 和 LRE L_3)。还有,静态的空间区域也限制了高分辨率实体和高分辨率实体可能发生有意义交互的区域。

12.3.4　伪解聚法

当 HRE 需要知道 LRE 中的 FIRE 的属性而不需要和这些 LRE 所表示的 HRE 交互的情况,就需要进行伪解聚。

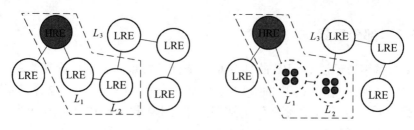

图 12 - 3   空间区域解聚法

例如,一个无人驾驶飞机(Unmanned Airborne Vehicle, UAV)可能为了得到某地区地形地貌的细节而获得该地区的照片。由于 LRE 是一个抽象的模型,所以任何在 UAV 照片上的 LRE 都必须由它的成员 HRE 来表示。在这种情况下,由于只有其成员 HRE 的某种信息会被获得,所以解聚 LRE 是一种浪费的行为。

在伪解聚中,一个 HRE 收到一个从 LRE 中发出的低分辨率信息,在内部解聚该信息获得高分辨率的信息。如无人驾驶飞机是一个 HRE,该 HRE 伪解聚了 LRE L_1 和 L_2。当交互是非直接时,伪解聚是可行的,在这里,L_1 和 L_2 就不直接和无人驾驶飞机发生接触。无人驾驶飞机使用伪解聚 L_1 和 L_2 的算法必须和 $L1$、L_2 自己解聚的算法是类似的。HRE 进行伪解聚时必须符合在仿真中 LRE 解聚时所遵守的规则。

12. 4   聚合—解聚的要求

12. 4. 1   一致性

如图 12 - 4 所示,假定初始聚合级实体的聚合状态 2 和 5 是一致的,那么如果最后的聚合状态 4 和 6 是一致的,则称高分辨率模型与低分辨率模型是"弱一致"的;如果最后的高分辨率状态 3 和 7 是一致的,则称两种分辨率的模型为"强一致"。

聚合—解聚的一致性要求预示着聚合表示与解聚表示存在一一对应关系。当然,聚合模型可通过简单地把所有信息传送到聚合层来实现,但是,那样会产生额外网络负载,而且效率很差。实际上即使存在这样的模型,其解聚模型也是多余的,不同分辨率模型之间不存在一一对应关系。然而这并不意味着聚合一定会产生信息丢失。事实上,信息丢失可通过把所有低分辨率实体的详细信息存储起来加以解决。

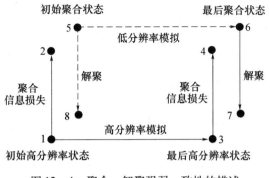

图 12 - 4   聚合—解聚强弱一致性的描述

12.4.2   逼真度

逼真度的定义是:仿真与所见到的现实世界之间的符合程度。如把其定义扩展到联邦中,逼真度可定义为成员之间的符合程度和单个成员与所见到的现实世界某些方面之间的符合程度。

模型是对真实世界的抽象,是对现实世界在一定程度上的某种简化。因为仿真所用的环境可能差别很大,当仿真模型加入到不同分辨率的模型中去时,现实世界的细微差别可能产生意想不到的误差。这种误差叫做逼真度误差。对那些仿真应用不太关心的和没有被很好证明的因素做出假定和简化,而对那些仿真应用非常关心的因素不作简化。在聚合时,一般是把高分辨率的模型转换为低分辨率模型,降低其逼真度,解聚则相反,通过解聚可以提高仿真逼真度。因此,在构造聚合模型时,要保证仿真逼真度符合仿真要求。

12.5   将战场划分为多个战斗分区时的聚合模型

大量研究者对兰切斯特方程的研究表明,在持续时间较短的小规模战斗中,兰切斯特平方律具有一定的适用性,而对于持续时间较长的战役行动,特别是受指挥决策因素影响很大的战役作战,兰切斯特方程的预测价值很低。出现这些问题的一个原因是:交战双方在战场上投入的兵力并不是同时进入战斗状态的。一般说来,进攻方在主攻方向和(或)辅攻方向的区域上首先发生战斗,然后扩展到其他方向所包含的区域。由此引发的问题是:能不能将战场划分为一些较小的区域,通过作战模型聚合和解聚解决大规模作战的建模问题。

根据上面提出的问题,下面以陆军部队地面作战为例,首先将战场空间划分成多个分区的作战模型,然后研究模型的聚合,最后探讨一种聚合方法。

通过上述分析,引出有关战略、指挥和控制及时间对作战结果的影响等更广泛的问题。为便于分析,这里假定多数小规模战斗都服从兰切斯特平方律。

12.5.1 战斗分区的兰切斯特定律

为便于分析,假定在总宽度为 W 的正面上,有 N 个宽度为 L 的战斗分区,如图 12 −5 所示。该图描述的是一个地形复杂且有互不连通道路的作战区域,作战行动发生上述区域中各个独立的战斗分区内,这些战斗分区之间的分隔线可能不是直线,战斗分区之间没有重叠区域,各战斗分区互相没有直接影响。

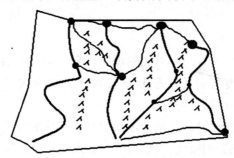

图 12 −5　战场划分为多个战斗分区的情况

战斗分区中进攻方和防御方的兵力由 x_i 和 y_i 表示。进攻方和防御方各自总的作战能力分别为 x 和 y,进攻方和防御方作为预备队的兵力占各自总兵力的比例分别为 f_x 和 f_y,即进攻方和防御方实际投入作战的兵力分别为 $x_i(1-f_x)$ 和 $y_i(1-f_y)$。

为了更好地说明问题,这里设定以下几个方面的限制性条件:

(1) 各分区之间尽管有通路相连,但可用少量兵力防止翼侧作战,而且在战斗过程中,参战双方尽是避免暴露翼侧。

(2) 不考虑地形、防御准备情况、运动和机动等因素对作战的影响。

(3) 不考虑空军和炮兵的支援。

(4) 战场中的各个战斗分区是相对独立的。

在每个给定战斗分区 i,"细化"的战斗模型由兰切斯特平方律给出,即:

$$\begin{cases} \dfrac{\mathrm{d}x_i}{\mathrm{d}t} = \beta y_i \\[2mm] \dfrac{\mathrm{d}y_i}{\mathrm{d}t} = \alpha x_i \end{cases} \tag{12-1}$$

定义相对毁伤率 $\mathrm{LR}x_i$ 和 $\mathrm{LR}y_i$ 如式(12 - 2)所示:

$$\begin{cases} \mathrm{LR}y_i = \dfrac{\mathrm{d}y_i}{y_i\mathrm{d}t} \\ \mathrm{LR}x_i = \dfrac{\mathrm{d}x_i}{x_i\mathrm{d}t} \end{cases} \qquad (12 - 2)$$

在第 i 战斗分区相对毁伤率的比值为

$$\mathrm{RLR}_i = \frac{LRy_i}{LRx_i} = \frac{x_i\mathrm{d}y_i}{y_i\mathrm{d}x_i} = \frac{\alpha}{\beta} \times \frac{1}{F_i^2} \qquad (12 - 3)$$

式中: $F_i = \dfrac{y_i}{x_i}$ 为双方投入的兵力比。

用毁伤率的比值衡量哪一方赢得战斗。若比值为 1,则双方兵力以相同比例减少,这时称战斗处于平衡点。对整个作战区域有

$$\begin{cases} \dfrac{\mathrm{d}x}{\mathrm{d}t} = \sum \dfrac{\mathrm{d}x_i}{\mathrm{d}t} \\ \dfrac{\mathrm{d}y}{\mathrm{d}t} = \sum \dfrac{\mathrm{d}y_i}{\mathrm{d}t} \end{cases} \qquad (12 - 4)$$

为了表达各个不同的战斗分区之间作战激烈程度的差异,引进因子 m_i:

$$\begin{cases} \dfrac{\mathrm{d}x}{\mathrm{d}t} = \sum m_i \dfrac{\mathrm{d}x_i}{\mathrm{d}t} \\ \dfrac{\mathrm{d}y}{\mathrm{d}t} = \sum m_i \dfrac{\mathrm{d}y_i}{\mathrm{d}t} \end{cases} \qquad (12 - 5)$$

假定激烈程度仅有两级: $m_i = 1$ 或 $m_i = m < 1$。当 m_i 为 1 时为战况激烈的主要战斗分区,当 m_i 为 m 时为战况一般的非主要的战斗分区。

12.5.2 均匀兵力分布

首先,假定各战斗分区之间不存在相互增援和机动。其次,假定交战双方在各战斗分区同样地、均匀地展开前沿兵力,且所有战斗分区战斗激烈程度相同。

$$\begin{cases} \dfrac{\mathrm{d}x}{\mathrm{d}t} = \sum m_i \dfrac{\mathrm{d}x_i}{\mathrm{d}t} = \sum \beta y_i = N\beta\bar{y} \\ \dfrac{\mathrm{d}y}{\mathrm{d}t} = \sum m_i \dfrac{\mathrm{d}y_i}{\mathrm{d}t} = \sum \alpha x_i = N\alpha\bar{x} \end{cases} \qquad (12 - 6)$$

其中

$$\begin{cases} \bar{x} = \dfrac{(1 - f_x)x}{N} \\ \bar{y} = \dfrac{(1 - f_y)y}{N} \end{cases} \qquad (12 - 7)$$

表示每个战斗分区的平均兵力。

由上述公式可推出总的相对毁伤率为

$$\text{RLR} = \frac{\text{LR}y}{\text{LR}x} = \frac{\sum x_i \mathrm{d}y_i}{\sum y_i \mathrm{d}x_i} = \frac{\dfrac{\mathrm{d}y}{\mathrm{d}t}/y}{\dfrac{\mathrm{d}x}{\mathrm{d}t}/x} = \frac{\mathrm{d}y}{\mathrm{d}x} \cdot \frac{1}{F} = \frac{(1 - f_x)}{(1 - f_y)} \frac{\alpha}{\beta} \times \frac{1}{F_i^2}$$

$$(12 - 8)$$

聚合模型的描述函数在形式上与细化的分区模型相同,也是兰切斯特平方定律。不同的是,聚合模型的系数不仅取决于系数(α 和 β)的大小,还受预备队分量 f 这一因素的影响。即,若一方在前沿的兵力百分比比另一方大,则其具有兵力集中的优势。

12.5.3 集中兵力的影响

在作战过程中,进攻方通常会在某些战斗分区集中兵力,在其他战斗分区实施低强度佯攻。防御方也会在对方主攻方向上集中优势兵力。

假设进攻方在 N 个战斗分区中的 N_{main} 个主要战斗分区集中兵力,在其他战斗分区实施低强度佯攻,以较小的消耗牵制防御方。在主要战斗分区,战斗强度为1。其他分区的战斗强度由因数 $m(m \leqslant 1)$ 决定,即非主要战斗分区的杀伤系数分别为 $m\alpha$ 和 $m\beta$。

因为有主要和非主要两种战斗分区,所以有

$$\frac{\mathrm{d}y}{\mathrm{d}t} = \sum_1^{N_{\text{main}}} \frac{\mathrm{d}y_i}{\mathrm{d}t} + \sum_{N_{\text{main}}+1}^{N} \frac{\mathrm{d}y_i}{\mathrm{d}t} \qquad (12 - 9)$$

这里,重新编排各战斗分区的号码,即将主要战斗分区标记为 $1, 2, \cdots,$ N_{main},而不管这些主要战斗分区是否相接,非主要战斗分区标记为 $N_{\text{main}} + 1,$ $\cdots, N$。

设主要战斗分区的兵力数量分别是非主要战斗分区区域的 $P_x, P_y (1 \leqslant P_x,$ $P_y \leqslant N/N_{\text{main}})$ 倍。P_x 和 P_y 称为兵力部署因子。设进攻方投入的兵力为 $(1 - f_y)$,则有

$$\frac{\mathrm{d}y}{\mathrm{d}t} = -\alpha \left[\frac{P_x N_{\text{main}}}{N}(1 - f_x) + m\left(1 - \frac{P_x N_{\text{main}}}{N}\right)(1 - f_x)x \right]$$

$$= -(1-f_x)\left[\frac{P_x N_{\text{main}}}{N} + m\left(1 - \frac{P_x N_{\text{main}}}{N}\right)(1-f_x)\right]\alpha x \quad (12-10)$$

$$\frac{\mathrm{d}x}{\mathrm{d}t} = -\beta\left[\frac{P_y N_{\text{main}}}{N}(1-f_y)y + m\left(1 - \frac{P_y N_{\text{main}}}{N}\right)(1-f_y)y\right]$$

$$= -(1-f_y)\left[\frac{P_y N_{\text{main}}}{N} + m\left(1 - \frac{P_y N_{\text{main}}}{N}\right)(1-f_y)\right]\beta y \quad (12-11)$$

除了系数表达以外,该聚合方程与战斗分区的方程的形式也是相同的。系数由预备队百分比 f、强度降低因子 m、兵力集中或兵力部署因子 P 及产生策略集中的战斗分区组成。尽管可以从作战条令中估计预备队所占的比例,但如何估计兵力集中因子和需要集中兵力的作战区域,仍是指挥员们难以把握的问题。因为战斗过程中有许多因素需要综合考虑,不同的进攻方有不同的战术战法,防御方也许能预先判断出对方的主攻方向,从而在对方主攻方向上集中更多的兵力。因此,不存在一个具有普遍意义的代表性的系数值。

毁伤率比值 RLR 的计算如式(12-12)所示。RLR 定义为 LR_y/LR_x,这里 LR_y 和 LR_x 分别是进攻方和防御方的毁伤率,有

$$\text{RLR} = \frac{\text{LR}_y}{\text{LR}_x} = \frac{(1-f_x)\left[\frac{P_x N_{\text{main}}}{N} + m\left(1 - \frac{P_x N_{\text{main}}}{N}\right)(1-f_x)\right]\alpha}{(1-f_y)\left[\frac{P_y N_{\text{main}}}{N} + m\left(1 - \frac{P_y N_{\text{main}}}{N}\right)(1-f_y)\right]\beta} \times \frac{1}{F^2}$$

$$(12-12)$$

若 $m \ll 1$,上面的表达式可以简化为

$$\text{RLR} = \frac{(1-f_x)P_x\alpha}{(1-f_y)P_y\beta} \times \frac{1}{F^2} \quad (12-13)$$

从式(12-13)得出

$$F^2 = \frac{(1-f_x)P_x\alpha}{(1-f_y)P_y\beta} \times \frac{1}{\text{RLR}} \quad (12-14)$$

进攻方和防御方在主要战斗分区的兵力比值为 F_{main},在其他战斗分区的兵力比值为 F_{other}。毁伤率比值为主要战斗分区中的交换比 $\mathrm{d}y/\mathrm{d}x$ 除以 F,而主要战斗分区的交换比为 $\frac{\alpha}{\beta} \times \frac{1}{F_{\text{main}}}$。则有

$$\text{RLR} = \frac{\alpha}{\beta} \times \frac{1}{F_{\text{main}}}\frac{1}{F} \quad (12-15)$$

比较式(12-13)和式(12-15),可以得出 F_{main} 如式(12-16)所示:

$$F_{main} = \frac{(1-f_x)P_x}{(1-f_y)P_y}F \qquad (12-16)$$

在平衡点,即设 RLR = 1,我们可以从式(10.15)解得平衡点的兵力比为

$$F^* = \frac{\alpha}{\beta} \times \frac{1}{F_{main}} \qquad (12-17)$$

式(12-17)表明,如果主要战斗分区兵力对比增大,则平衡点降低。图 12-6 显示出 α/β 在三种不同假设下的结果。兵力比分别为 3:1、2:1、1:1 对应的α/β值为 9、4、1。

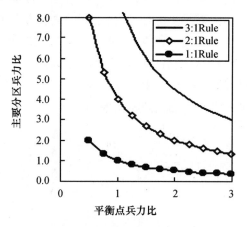

图 12-6   主要战斗分区兵力比

进攻方的指挥人员确定集中兵力的决策过程是:首先估计防御方的兵力部署因子 P_x 和预备队比例因子 f_x。其次,确定为防止防御方反击所需要的 F_{other} 的最小值和采取进一步作战行动所需要的预备队的 f_y 的最小值。然后,计算出达到平衡兵力对比所需要的 N_{main}/N 的值。当然,可以选择进一步集中兵力以在主要战斗分区取得决定性的胜利,但是如果 N_{main}/N 太小则失去军事意义。即如果在极窄的前沿达成突破,会使防御方兵力损失很小,这时就要考虑进一步减小 F_{other} 和 f_y 的值,重新考虑对 P_x 和 f_x 估计,从而找出最佳的进攻方案。

假定 $\alpha/\beta = 9$,防守方尚未预料到进攻方的 $P_x = 1$,进攻方投入的兵力为 75%,防守方投入一线的兵力为 67%。图 12-7 显示平衡兵力比取决于进攻方在主战区域的兵力集中程度(其他战斗分区兵力对比不变)。

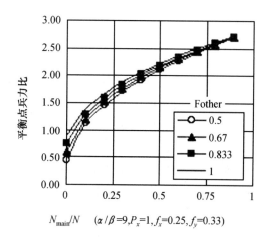

$$N_{\text{main}}/N \quad (\alpha/\beta=9, P_x=1, f_x=0.25, f_y=0.33)$$

图 12-7 主要战斗分区和平衡点兵力关系

图 12-7 说明,在主要战斗分区,平衡点的兵力比取决于各个参数的值,尤其是 N_{main}/N 的值。过大的 N_{main}/N 值虽然可以降低 F^*,但防守方的大部分作战兵力未损失,从军事上看这种突破意义不大。一般来说,成功的进攻需要覆盖至少15%的正面。在这种情况下,进攻方需要至少大于防守方1.5倍的总兵力。

依照预备队、防御方兵力部署、主要战斗分区和非主要战斗分区兵力对比的不同选择,表 12-1 列出了一般进攻、积极进攻、稳妥进攻和有保留的进攻所需兵力的情况。

表 12-1 3∶1 防御优势下有代表性的参数取值

P_x	f_x	f_y	N_{main}/N	F_{other}	F^*	说 明
1	0.33	0.33	0.20	0.66	1.6	一般进攻
1	0.33	0.17	0.15	0.5	1.2	积极进攻
1	0.33	0.25	0.3	0.67	1.8	稳妥进攻
1.5	0.33	0.25	0.3	0.67	2.1	有保留的进攻

(1)在一般和积极进攻的情况下认为主攻可能会在 15%~20% 的前沿发生。

(2)在积极进攻的方案里,进攻方准备在其他战斗分区承受2∶1的兵力比例($F_{\text{other}}=0.5$)压力,这是建立在防御方机动性和攻击力不强的假设下的。

(3)稳妥进攻的情况考虑一个稍大的正面较强的预备力量、其他战斗分区稍不利的兵力对比。

（4）有保留的进攻是基于进攻方分析，防御方必定将根据进攻方大批兵力机动的情况进行针对性的反集中。从式（12.6）可以看出，即使不大的反集中（P_x 值为 1.5）也大体上能改变平衡点。

概括地说，假设防御方在占有地形和预先有准备之利下的 3∶1 规则适用于战斗分区描述，那么防御方仅需较小的大约为 1.5 的集中比率（战区级）。进攻方却要集中大量兵力，可能未考虑到防御方将察觉其大规模机动并在战斗发起前至少要进行反集中行动。从进攻方的观点来看，平衡的兵力比率为 2 是合理的。为获得决定性的胜利，有可能需要更大的兵力对比。然而，若进攻方装备、人员等的素质大大高于防御方，则需要的兵力比值会小得多。

上面推导出的许多公式是以 α/β 来表示。α/β 的值可以根据具体情况确定。如在相对开阔的地形和大量战术机动中实施。防御方可能有一些优势，但不是太多。实际上，凭借掌握进攻时机主动权和相关战术突然性，进攻方可能占有优势。在这种情况下，可以认为 $\alpha/\beta=1$。图 12-8 说明了假定 $\alpha/\beta=1$∶1 规则和 $\alpha/\beta=3$∶1 规则的结果比较。可以看出，在机动作战的情况下，1∶1 曲线对进攻方是很有意义的。

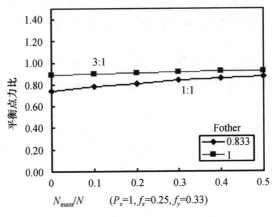

图 12-8　主要战斗分区兵力比

如果进攻方向在至少 30% 的正面上集中兵力，而在非重要地区保持 0.8 的兵力对比，那么平衡兵力对比约为 0.8。为了以有利于攻方毁伤率比值 4∶1 取得决定性胜利，攻方将需 1.6∶1 的总体兵力对比。为以最小的伤亡获得决定性的胜利，如果攻方想达到 9∶1 的毁伤率比值，总体兵力对比应为 3∶1 左右。

从式（12-16）和式（12-17）可得 F^* 的另一个表达式如下：

$$F^* = \frac{\alpha}{\beta} \frac{(1 - f_y) P_y}{(1 - f_x) P_x} \frac{1}{F} \qquad (12 - 18)$$

还可推导出 F^* 的其他形式的表达式。在不同的应用中使用不同的表述来简化问题的描述。

有时，在估算在某一条件范围内的平衡点 F^* 时，使用 fy、fx、Px、F_{other} 和 N_{main} 的不同组合作为决策因素更为有用。下面推导出用 fy、fx、Px、F_{other} 和 N_{main} 表达的 F^*。

双方在主要战斗分区的兵力为 x_{main}、y_{main}，在其他战斗分区的兵力为 x_{other}、y_{other}，则有：

$$y = (1 - f_y) y + f_y y = y_{\text{main}} + y_{\text{other}} + f_y y = F_{\text{main}} x_{\text{main}} + F_{\text{other}} x_{\text{other}} + f_y y$$
$$= F_{\text{main}} (1 - f_x) x (P_x N_{\text{main}}/N) + F_{\text{other}} (1 - f_x) x (1 - P_x N_{\text{main}}/N) + f_y y$$
$$(12 - 19)$$

将 $f_y y$ 移至左边，两边除以 $(1 - f_x)$：

$$y(1 - f_y)/(1 - f_x) = F_{\text{main}} x (P_x N_{\text{main}}/N) + F_{\text{other}} x (1 - P_x N_{\text{main}}/N)$$
$$(12 - 20)$$

注意到 $F = y/x$，有

$$\frac{(1 - f_y)}{(1 - f_x)} F = F_{\text{main}} \left(\frac{P_x N_{\text{main}}}{N} \right) + F_{\text{other}} \left(1 - \frac{P_x N_{\text{main}}}{N} \right) \qquad (12 - 21)$$

所以：

$$F_{\text{main}} = \frac{\dfrac{(1 - f_x)}{(1 - f_y)} F - F_{\text{other}} \left(1 - \dfrac{P_x N_{\text{main}}}{N} \right)}{\dfrac{P_x N_{\text{main}}}{N}} \qquad (12 - 22)$$

在 $m \ll 1$ 时，考虑平衡点的情况，要求 $F = F^*$，用 $(12 - 15)$ 式代入式 $(12 - 22)$，整理后可得到一个关于 F 的二次方程，它的解为

$$F^* = \frac{F_{\text{other}} \left(1 - \dfrac{P_x N_{\text{main}}}{N} \right) + \sqrt{\left[F_{\text{other}} \left(1 - \dfrac{P_x N_{\text{main}}}{N} \right) \right]^2 + 4 \dfrac{\alpha}{\beta} P_x \dfrac{N_{\text{main}} (1 - f_y)}{N (1 - f_x)}}}{2 \dfrac{(1 - f_y)}{(1 - f_x)}}$$

$$(12 - 23)$$

注意这里只取正根，因为 F^* 必须为正数，只有正数才有物理意义。

12.5.4 增援和机动集中对聚合模型的影响

在前面的讨论中一个重要的假设是只有主要战斗分区固有的兵力实施战斗。但实际上,战斗中的机动和重新部署是不可避免的。本节定性地讨论机动和重新部署对聚合模型的影响。

在式(10.23)中,将兵力部署因子和兵力保留因子看成是时间的函数:

$$F^* = \frac{F_{\text{other}}\left(1 - \dfrac{P_x(t)N_{\text{main}}}{N}\right) + \sqrt{\left[F_{\text{other}}\left(1 - \dfrac{P_x(t)N_{\text{main}}}{N}\right)\right]^2 + 4\dfrac{\alpha}{\beta}P_x(t)\dfrac{N_{\text{main}}(1-f_y(t))}{N(1-f_x(t))}}}{2\dfrac{(1-f_y(t))}{(1-f_x(t))}}$$

$$(12-24)$$

同时假设:

(1) 防御方在时间段 T_1 内等速地将预备队投入到主要战斗分区。

(2) 防御方在 T_2 时间内全力反集中。即在 T_2 时间内,防御方以等速增加主要战斗分区的集中因子,直至所有兵力均集中至主要战斗分区。

(3) 进攻方随着防御方在非主要战斗分区保持兵力对比为一常数。这样,进攻方也在 T_1 时间内将预备队投入主要战斗分区,在 T_2 时间内将另外的兵力重新部署至主要战斗分区,直至其所有兵力都集中至主要战斗分区。

为简单起见,将 T_2 表示为 T_1 的倍数。这个过程如图 12-9 所示,在 T_1 时间

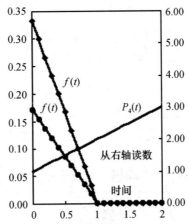

(α/β =9, P_x=1, f_x=0.33, f_y=0.17, N_{main}/N=0.2, F_{other}=0.5, T_2=4T_1)

图 12-9 增援和反集中

内投入预备队,之后守方开始反集中(图中,X轴只画到$2T_1$,因此有一部分反集中未完成)。

$P_x(t)$、$f_x(t)$和$f_y(t)$变化,$F^*(t)$也随之变化。利用式(12-24),可形成相应的战斗过程中平衡点的变化如图12-10所示。

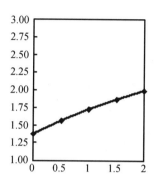

$(\alpha/\beta=9,P_x=1,f_x=0.17,N_{main}/N=0.2,F_{other}=0.5)$

图12-10　战斗过程中F^*的变化

如果战斗与时间的相关性小,那么平衡点F^*基本上与忽略了战斗间增援和机动的战斗分区相同(约1.5上下)。如果战斗激烈程度不高(双方损耗低且长时间僵持),则平均平衡比率F^*将迅速上升。由此反映了这样的事实:许多战斗一定不如想象中那么适宜于攻方。事实上,如果战斗持续时间足够长,双方将集中所有力量到主要战斗分区,进攻方最初集中兵力的价值将会大大减小。

通过上面的分析可以认为:使聚合级模型有效的努力应该集中在策略的处理、指挥控制、约束条件、时间尺度和不确定因素上,而不应把重点放在用高分辨度模型事先算好的结果去校验低分辨率模型仿真结果上,因为这些因素没有被很好地表示。

12.6　一个基于 HLA 的多分辨率仿真中的聚合解聚建模研究

我们以一个防空部队和攻击机编队之间的战斗为例,针对这场战斗开发了一个防空作战仿真系统,该系统构建了三个不同抽象层次的模型对作战行动进行描述,以此来讨论其中不同层次模型的聚合解聚问题。

12.6.1 系统模型构成

防空作战仿真系统的三个不同抽象层次模型分为战役层模型、战术层模型和技术层模型,模型的组成如图 12 – 11 所示。

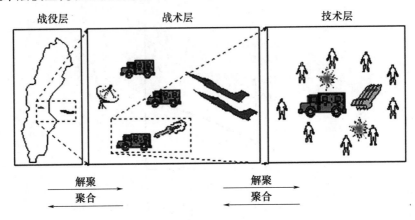

图 12 – 11 由三个模型层构成的防空作战仿真系统

战役层模型分辨率最低,这一层次模型将攻击机编队和防空连作为基本实体。这个层次上的模型是指挥、决策训练仿真模型,参训人员通过和仿真系统进行交互,由此可产生一个仿真演习。

战术层模型把单个攻击机和防空连以下的作战单元(一个雷达站和三个射击单元)作为基本实体。建立这个层次上模型的目的是研究武器系统和单元层的信息交互和战斗结果之间的关系,该模型虽然也是事件驱动的,但也可实时运行。

技术层模型分辨率最高,该系统建立了导弹、炸弹、单兵、单车等最基本实体的战技性能模型,还包含对作战人员保护能力和操作技能的描述,如在一个雷达站中,每个操作人员被分配不同的角色,普通人员受伤对雷达站的探测能力没有什么影响,但如果专业技术性强的操作人员受伤,则对该雷达站的探测能力带来一定的影响。技术层模型还建立了防空部队以及其他目标的毁伤效果模型。

防空作战仿真系统中,每个模型层是一个独立的联邦成员,每个成员由一个传统模型和一个 HLA 接口模块组成。把聚合—解聚模块直接附在具有高分辨率模型的联邦成员上,作为 HLA 接口的一个组成部分。这样只有聚合信息才通过网络进行传输。

12.6.2　聚合—解聚思路

为了简化,把聚合模型看作函数,把从聚合中取出对象属性看作输入,把从聚合中发送交互看作输出。相反,在解聚中则把交互看作输入,把发送对象属性看作输出。成员之间的数据交换主要与对象属性有关。

要想知道一次解聚在何时何地发生,则必须要有一个解聚的标准和规范。在该仿真系统中,用一个简单近似函数来确立解聚条件。如果在战役层的两个实体之间的距离足够小,或如果在战术层上有武器发射或炸弹落下,就要进行适当的解聚。在不同的抽象层上有两种完全不同的数据类型,因此,这里用两种略有不同的 HLA 方法来实现聚合解聚过程。

战术层模型和技术层模型之间的聚合—解聚是通过信息交互实现,即模型解聚的输入和聚合的输出是通过信息交互发送的;战役层和技术层模型之间的信息交换由交互引发,但主要的数据传送是基于所有权的转移和属性的更新。

具体思路如下:

假设攻击机群已进入防空连火力范围。作战层的聚合级数据被打包到两个实体(一个是攻击机群,一个是防空连)的交互信息中,战役层将把这两个交互信息发送到战术层。为了使战术层能及时更新聚合级实体的属性,战役层仿真开始推进,并把聚合级的攻击机群位置和速度的所有权交给战术层。这使得战术层能得到单个飞机的飞行路线,同时,战术层实体位置和速度更新属性被聚合解聚模块聚合后发出,战役层接收到更新的所属实体属性。这时,从战役层看,聚合体仍是一个聚合体,它的属性更新是在战术层完成的。

当战术层解聚了攻击机群和防空连后,每一个解聚的攻击飞机都被安排一个特定的飞行路线,同时,防空连被分成若干个火力单元,配置在不同的地域。如果有导弹发射或炸弹落下,战术层将使用一个交互把聚合信息发送到技术层,当技术层解析交互数据并计算结果后,一个有关输出信息的交互被返回到战术层。

战斗期间,战术层不断更新聚合级攻击机编队的位置并提供给战役层,以使其正确地显示攻击机群的位置。战斗结束时,战术层又把攻击机群位置和速度的控制权连同交战结果一并返回战役层。

12.6.3　技术层模型与战术层模型之间的聚合—解聚

1. 作战能力的聚合—解聚

技术层把每个作战单元所包含的单个实体的信息综合成 5 个布尔型的状态

分量,见表 12 - 2。

表 12 - 2　作战能力聚合—解聚的对应关系

完全损毁	装备人员基本上完全被毁伤或不足以继续维持战斗
丧失机动力	车辆丧失机动能力
丧失火力	武器系统被毁或没有足够数量具有射击技能的士兵
丧失通信能力	无线电装备被毁、操作员受伤或遭到电子压制
丧失防护能力	一个随机结果,是炸点与目标间距离的线性函数的概率

2. 地理位置的聚合—解聚

技术层进行聚合时,技术层的武器装备及其所属人员聚合成一个作战单元。武器装备及其所属人员的地理位置是确定的。具有专业技能的战斗人员的配置位置也是确定的,他们对聚合单元的配置位置没有影响。战术层作战单元的配置位置就是技术层中武器装备的配置位置。当对技术层中作战单元的地理位置配置解聚时,其战斗车辆或侦察装备的配置位置即为聚合的作战单元地理配置位置,作战人员的位置按照概率分布来确定。如某作战人员按战术需要,其配置位置距离第 i 个武器装备 l 米范围以内,第 i 武器装备的配置位置为 (X_i, Y_i),则可以认为该作战人员的配置位置是圆概率分布的,其位置可为

$$\begin{cases} X_{ipj} = X_i + l\eta \\ Y_{ipj} = Y_i + l\zeta \end{cases} \qquad (12 - 25)$$

式中: η、ζ 是在 $[-1,1]$ 之间两个相互独立的随机数。

12.6.4　战术层模型与作战层模型间的聚合—解聚

战术层模型须向战役层模型发布关于攻击机群和防空连的状态。

1. 作战能力的聚合—解聚

在战役层,攻击机群的作战能力可由作战飞机、炸弹和导弹的数量来描述。防空连的作战能力可由射击能力或侦察能力 F、机动能力 M、通信能力 C 和防护能力 P 等综合得出。

防空连的射击能力是防空武器战斗单位数的线性函数,则:

$$F = \sum_{i=1}^{n} F_i / n \qquad (12 - 26)$$

式中:n 为战术层中防空武器单元的数量;F_i 为第 i 个防空武器单元的射击状态。通信能力是防空武器单元的通信能力与空中侦察能力综合的结果,防空连的通信能力是防空武器单元通信与空中侦察通信两事件的积事件。即:

$$C = \sum_{i=1}^{n} C_i \sum_{j=1}^{m} C_j / nm \qquad (12-27)$$

式中:n 为防空武器单元数量;m 为空中侦察单元数量;C_i 为战术层中第 i 个防空武器单元通信能力状态;C_j 为战术层中第 j 个空中侦察单元能力状态。防空兵力的机动能力和防护能力可用类似方法得到。

下面探讨防空兵力射击能力的解聚:

设一防空连的射击能力是 F,有 n 个射击单元,其中只有 m 个单元能够射击,则 $F = m/n$。现在问题是怎样知道哪些单元不具有射击能力。为了解决这一问题,根据射击单位相对于主要来袭方向的位置,考虑其被攻击概率。设根据射击单元相对于主要来袭方向的位置,n 个射击单位被攻击的概率分别为 $\{P_1, P_2, \cdots, P_n\}$,把这 n 个射击单元单位按照被攻击概率的降序重新排列,得到 $\{P_{j1}, P_{j2}, \cdots, P_{jn}\}$,可以认为 $n \sim m$ 个被攻击概率较大的单位失去射击能力,其余的射击单位仍具有射击能力。

2. 地理配置的聚合—解聚

对于作战单元地理配置位置的聚合,这里用三个状态量来表示{作战单元平均配置位置,配置方式,配置面积}。

战役层作战单元地理配置位置可用战役层作战单元平均地理配置位置表示为

$$X = \frac{\sum_{i=1}^{n} X_i}{n}, Y = \frac{\sum_{i=1}^{n} Y_i}{n} \qquad (12-28)$$

式中:(X_i, Y_i) 为战术层中第 i 个战斗单元的配置位置;n 为战术层中战斗单元数量。

配置方式有圆配置、前三角配置、后三角配置、矩形配置。配置面积是战术层中的战斗单元实际配置所占有面积。

当对战役层中配置位置进行解聚时,可以认为解聚单元配置是在以聚合单元配置位置为中心,以配置方式所形成区域边界上等概率分布的。若聚合单元位置为 (X, Y),配置方式为圆配置,配置面积为 S,则对于解聚单元的配置位置可用下式计算:

$$\begin{cases} X_i = X + \cos\theta \sqrt{\dfrac{S}{\pi}} \\ Y_i = Y + \sin\theta \sqrt{\dfrac{S}{\pi}} \end{cases} \quad (i = 1,2,\cdots,n) \quad\quad (12-29)$$

式中:θ 为均匀区间 $[-2\pi,2\pi]$ 内的一随机数;n 为战术层中战斗单元数量。

第 **13** 章

计算机生成兵力战场环境模型

13.1 引 言

综合自然环境是指在一定真实世界地理区域范围内,包括地形、海洋、大气和太空在内的整个自然环境,包括具有军事意义的自然和人文特征以及各种作战实体的物理表现。

战场环境是综合自然环境的一种特殊形式。战场环境包括的内容非常广泛,有三维地理数据、二维地理数据、海底地质数据、风力风向数据、大气温度湿度数据等,还包括许多非可视化的用于传感器(如红外、声纳等)的战场目标信息等。虚拟战场环境通常是对真实存在的某一地理区域的模拟,是仿真系统的重要组成部分。

战场环境在分布交互仿真中有广义和狭义两种定义,广义上,以美国国防部DMSO 建模与仿真主计划的定义为例,该计划中将综合环境定义为实现分布式系统建立和运行的所有软硬件环境,包括计算机网络、各个仿真节点、仿真模型库、仿真通信协议等;狭义上,以美国国防部 DMSO 综合环境数据表示与交换标准(SEDRIS)为例,该标准对综合环境的定义是:综合环境是分布式仿真系统中的统一的虚拟物理环境(Virtual Physical Environment),主要包括空间、大气、海洋、陆地、电磁场以及各种人文环境和各种实体的外部特性。

战场环境数据库(Battlefield Environment Database)是为满足作战仿真对地理环境的描述需求而提出来的。面向 CGF 的战场环境数据库是根据 CGF 的特点构建的。如一个装甲车辆 CGF 退避、追赶或攻击其他的装甲车辆。在这一过程中，装甲车辆 CGF 将战场环境数据和目标数据作为行为决策的输入得到下一步的行动。构建面向 CGF 的战场环境数据库，需要考虑两个方面的平衡，一是效率，高效率的战场环境数据库能保证 CGF 决策的实时性，另一方面是精度，高精度的战场环境数据库则能提高 CGF 决策的准确性。

以下对 CGF 战场环境数据库的描述以陆地地形数据库为例。

13.2　战场环境数据库特点

战场环境数据库把各种战场环境信息以数据库的形式存储起来，便于程序的调用、查询和搜索。战场环境数据库与传统意义上的软件数据库不同。数据库这个术语在计算机世界里应用得很广泛，单个文件或是相联系的多个文件数据库都可以叫做数据库。数据库通常会被想象成一张纵横相交且相互之间有关系的多个表格，表格中每个单元的内容由数字或是字符串来表示，表格之间也有不同的关联关系。所有的数据库都能通过接口来查询和访问。这里提到的战场环境数据库并不是一个像 Access 或 Oracle 的关系型数据库管理系统，也不仅仅是一个有数据管理能力的数据仓库。它包含更多的内容，它是一个用来定义、描述和解释环境对象，复杂而又完整的集合。其所包含的数据用来描述这个地理区域内的样貌和将在这里发生的一些事件，另外，战场环境数据库还应封装元数据之间的关系。基于上述功能，战场环境数据库的突出特点主要表现在以下两个方面。

13.2.1　实时性

战场环境数据库把体积小、数量多的点状特征体归到一个索引网格中，用分块治理的办法进行管理。而数量较少的线状和面状特征物，则采用链表的方法统一查询，提高了数据查询速度。

一般来说，CGF 实体查询战场环境特征物需要遍历战场环境中的所有特征物，找到与自身相关的特征物。其实 CGF 有一个感兴趣区域，不用搜索整个战场环境数据库，但是因为数据库的底层引擎是相对固定的，难以适应上述要求，CGF 战场环境数据库只把感兴趣区域内的索引网格加入到搜索列表中。点状和面状信息因为比较少，可以单独处理，这样仿真程序减少了大量的计算资源开销。

战场环境数据库提高实时性的同时，对数据的精度也是非常重视的。战场环境中的所有特征对象都采用了矢量表示法,保证了精确度,即使是网格索引的信息,从外部看是格网的形式。在网格内部则是以矢量的方式存储的。但对于精度要求不是很高的的一些地表信息,例如地表材质,最大坡度等数据则被存储在基本网格层中,以方便 CGF 实时读取。

13.2.2 实用性

战场环境数据库简单易用,软件的设计,战场环境数据库 API 的设计与 CGF 行为模型密切配合,方便 CGF 对战场环境信息提取和分析处理。

13.3 战场环境数据库结构

13.3.1 战场环境数据组成

战场环境中的数据包括地形网格数据、地形高程数据和地形上的文化特征数据。地形高程信息都是放在网格中表示,网格的描述有多种方法,例如规则网格、三角形网格、自适应网格等。这里主要讨论地形上的文化特征数据的分类方法。不同的数据库标准对环境数据的分类是不一样的。

按照 SEDRIS 对综合环境数据的分类,文化特征是以形状为标准,分为点、线、面三种:

点状信息是指一些比较孤立的,面积相对来说比较小,在战场环境中可以用一个点来确定其位置的一些文化特征,主要有独立树、水井、弹坑、碉堡、建筑物等。

线状信息是指那些长度比较长,宽度相对于长度来说可以忽略的文化特征,例如道路、河流、树列等。

面状信息是指面积比较大的文化特征,例如树林、土质,雷区、毒区、湖泊等。它们之间的区别是明显的,但是有的时候也是有模糊性的,例如多大是点,多大是面,这就要看该特征是作为点状信息容易处理,还是作为面状信息容易处理,不能一概而论。

CTDB(Compact Terrain Database)也是一种地理描述格式,中的战场环境数据分为地形高程与地表质地、物理特征、抽象特征和模型共五类。

地形高程和地表质地数据都存储在网格的顶点上,它们的网格大小是不一样的。

物理特征是指那些在地形上对通视性有一定影响的特征(如建筑物、树、局部地表特征等),还包括那些通行性方面参数的选择,要优于地表多边形的一些特征(如道路和河流等)。

抽象特征是指那些不影响通视性或者只是一些在地域性质上的改变,但是这些信息又必须在数据库中对于其存在有所表现的特征,例如政治边界、各种标志、各种管道等。

模型是特征的数据集合,它以库的形式存在于 CTDB 中。当模型被实例化并加入到场景中后,它的位置信息就随着模型库中的一些参考信息一起被记录下来。CTDB 由模型结构周界的顶点集组成。这些模型从本质上来讲都可以算成障碍物。

从以上两种分类方法看,前一分类方法比较明确,便于查询,后一分类方法有利于存储结构的设计。

综合以上方法,并结合地形环境特征,这里把战场环境数据分成四部分:分别是基本网格信息、网格索引信息、线状抽象信息和面状抽象信息。这四种信息的定义分别如下:

定义 1 基本网格信息是指用地形高程网格栅格化战场环境后,每个网格都必须填写的内容,这些信息在整个战场环境中都发生作用,而且无处不在。在用基本网格量化的战场环境中,每一个网格内战场环境信息处处相同。它包括地质信息、动力学信息、地形的可通行性信息、风向、气温、电磁环境等。这些信息充满了整个战场环境,但是变化的边界要求不是非常精确,所以可以用细小栅格来量化它们,将信息失真控制在一定范围内。

定义 2 网格索引信息是指在基本网格的基础上,用一张间距大一些的网格来索引战场环境中的一些特征物。这些特征物主要是点状特征物,它们往往比较多,而又比较小(在网格以内),将这些特征物归入到一个网格里。在战场环境里我们就以网格为索引来指定特征物。这些特征物包括独立树、水井、弹坑、碉堡、建筑物等,还有一些大面积特征的中心点。

定义 3 线状抽象信息是指那些线状的细长特征物,包括道路、河流、树木等。

定义 4 面状抽象信息是指面积比较大,一般用多边形来表示的特征,例如树林、土质、雷区、毒区、湖泊等。

13.3.2 战场环境数据库结构

战场环境数据库结构模型是指战场环境数据库中环境数据的编排方式和组

织关系。战场环境数据库的效率在很大程度上取决于环境数据编排和组织方式的优劣,环境数据编排和组织方式对战场环境数据的采集、存储、查询、检索和应用分析都有着重要影响。高效的结构模型应具备几方面的要求:

（1）数据结构能描述各种要素之间的层次关系,便于不同数据的连接和覆盖。

（2）能正确反映各地形要素在空间上的编排方式和层次关系。

（3）便于存取和检索。

（4）节省存储空间,减少数据冗余。

（5）存取速度快,在运算速度慢的计算机上也能做到快速响应。

（6）足够的灵活性。

一般来说,用来描述战场环境中的地形地貌和地形上文化特征的方法大致可以分成两类:一类是栅格法;另一类是矢量法。

栅格法是用网格的方法来量化战场环境,使得战场环境的每一个角落都可以用网格的一个格子来定义。这种方法可以很好的在战场环境中进行定位,便于搜索整个战场环境,可以很方便的进行各种信息查询、调度和描述等。但是使用栅格法来量化战场环境会带来的另外一个问题是:栅格细化与系统实时性的矛盾。即如果栅格边长不够小,描述的战场环境就会失真,如果栅格边长小了,运算量就急剧的增加,从而影响实时性。所以栅格法在量化战场环境中,只是适用于很小的局部地域,不适合于对大地形的描述。

矢量法可以精确的描述战场环境中各种要素的特点和关系,但是这种方法所采用的算法比较复杂,建模困难而且难以模糊化。

从上所述可以看出,栅格法和矢量发这两种方法各有优缺点,在实际应用过程中,可以考虑结合使用这两种方法,取它们各自的优点来描述战场环境。CGF对系统运行的实时性要求较高,同时还要求战场环境能精确地描述战场环境中各种要素,针对上述需求,面向CGF的战场环境数据库可以采用网格化与矢量化相结合的方法。该方法以战场环境数据的分类为依据,把战场环境数据库分为如图13-1所示的四个层次,即基本网格信息层、网格索引信息层、线状抽象特征层、面状抽象特征层。将战场环境中所有数据(地形和地物数据)放在这四个层次中。

上述分层方法可以把各种环境信息明确地归入相应的层次中。当战场环境发生较大变化时,由此增加的各种信息都可以很容易的归入上述四个层次中,而且不用改变模型结构。也就是说,这个分层结构对战场环境数据是开放和兼容的,可以方便地根据需要添加或是删除特征对象。

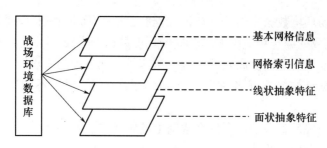

图 13 - 1　战场环境数据库的分层结构

这样设计分层结构还方便地理信息搜索引擎对战场环境数据库的搜索。具体来说：

（1）对于基本网格信息，可以用栅格法来描述。

（2）对于线状抽象特征和面状抽象特征，可以用矢量法来描述，把它们抽象到列表中，用列表对它们进行搜索。

（3）对于网格索引信息，采用栅格法和矢量法相结合的机制，在稍大一些的网格中用矢量化的方法来定位具体的特征信息，以网格为索引进行搜索。

13.3.3　基本网格信息层结构

基本网格信息以地形高程网格为基本网格，以左上角顶点为本网格的索引，对每个网格进行编号，以方便搜索和查找。因为地形高程网格的间距相对于战场环境的幅员是相对很小的，选择这样的网格量化战场可以很好的描述那些用矢量化难以描述的内容。

基本网格信息层以地形的高程信息为基础，每个网格还包括很多的其他属性。根据属性的不同，战场环境数据库把基本面网格信息层又分成若干个层，根据目前战场环境数据库的描述能力，基本网格信息层主要分成地形高程信息层、地表材质信息层、机动力学信息层、气候温度信息层、电磁环境信息层、地貌可通行性层如图 13 - 2 所示。

地表材质属性体现了该网格表面的材质。CGF 可以根据地表材质提供的信息，调整它们的作战方案、行动路线等；视景系统可以根据地表材质属性适当的改变纹理。

机动力学属性主要是描述 CGF 在该网格上的运动阻力系数、转向阻力系数、附着系数、圆锥指数等。

气候温度信息层用来描述该网格的温度、风力、湿度、雾等气象情况。气象条件对 CGF 作战的影响就是通过该层所保留的信息来体现的。

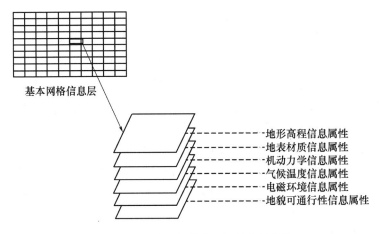

图 13 - 2　基本网格信息层属性分层结构

电磁环境信息层主要存储该网格上的电磁信号,用于描述其对各种通信设备通信能力、通信质量的影响。

地貌可通行性信息层存储一个布尔型变量,它用来简单地的标注坦克是否能够通过该网格,能通过就标注为真,否则就认为不能通过。这个参数之所以叫地貌通行性,是因为在基本网格里存储的这个参数是根据地貌特征分析出来的。

13.3.4　网格索引信息层结构

网格索引信息层与基本网格信息层的网格不是同一张网格,网格索引信息层的网格间距比基本网格信息层的网格间距要大一些,一般选在 100m ~ 500m。而且网格索引信息层的网格属性与基本网格信息层也不一样,用法更是大不相同。基本网格信息层把战场环境属性分在很多的网格里,而网格索引信息层要求每一个索引的战场环境特征要素完全处在它的索引网格里。

网格索引信息层是用网格索引号来索引该网格内文化特征的集合,这个集合包括一些用矢量表示的点状特征信息包括独立树、碉堡、弹坑、桥梁、重要狭道、军事要塞、小型建筑物等,还有一些面状特征信息的中心点。

如假定网格索引的信息都是点状特征物,战场环境数据库把点状特征物抽象成以下形式:

$$\text{phAttribution} = (\text{phID}, \text{position}, *\text{pNext}) \qquad (13 - 1)$$

式中:phAttribution 为点状特征抽象属性;phID 为特征代号,用来映射具体的特征对象结构;position(位置信息)指明了该点状特征物在战场环境中的 x、y 坐标;＊pNext(点状抽象特征)用来指向该网格内的另一个点状信息。

战场环境数据库对网格索引信息层中每个网格的内容是如下定义的:

$$gridAttribution = (gridID, *pHead) \qquad (13-2)$$

式中:gridAttribution 为网格属性;gridID 为网格 ID,代表该网格在索引网格中的网格 ID 号;＊pHead 为点状信息链表头,它存储了该网格内所有网格索引信息组成的链表的表头,而每张表格的内容就是式(13-1)所表示的内容。

根据式(13-1)和式(13-2)的定义,战场环境数据库在索引网格信息层,根据给定位置按照 ID 号索引网格,取的该网格内左右点状特征物链表表头。然后对链表进行遍历,就可以访问到战场环境内任何一个角落的网格索引信息。链表结构如图 13-3 所示。

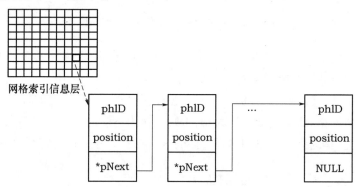

图 13-3　网格索引信息层结构

13.3.5　线状抽象特征层结构

线状抽象特征层包括道路、河流、壕沟、管道,铁丝网、轨道材、树列、铁路等。线状抽象特征使用矢量的方法来描述,用一组有序的点来表示,两个相邻的点之间用线段连接起来就成了折线。线状信息包括很多具体的特征,但是它们之间也有共同点,战场环境数据库把线性特征的共性抽象成以下结构:

$$LINE = \{s\_featrueID, s\_featureName, s\_points[POINTSUM], s\_pointsum, *pnext\}$$
$$(13-3)$$

式中:LINE 表示线状抽象属性;s_featrueID 用整型来表示,指线状特征编号;s_featureName用字符串来表示,存储线状特征对象的名称;s_points[POINTSUM]是一个三维点坐标数组,从头到尾有序地存储线状特征的拐点;s_pointsum 用整型来表示,是指表示该线状特征物的拐点总数;＊pnext 是一个指针,指向下一个线状特征物,使得整个战场环境中线状抽象信息连接成一张链表。

线性抽象特征可能会很长,甚至贯穿整个战场环境,如河流。因此,它无法在任何一种网格中完整的表现,但它对 CGF 的通行性和通视性的影响却不可忽略。从而战场环境数据库建立了一张线状抽象特征链表,把线状特征物的共性抽象出来,如式(13 – 3)所示,然后合成一张链表。在搜索战场环境时只要有这个链表的头指针,就可以遍历到其中的每一个线状特征物。然后根据线性抽象特征对应关系,可以映射到具体的线性特征对象,然后进一步处理。

13.3.6　面状抽象特征层结构

面状抽象信息层包括树林、染毒地段、染核地段、炮火压制区、雷区、湖泊、大规模建筑群等。面状抽象特征使用矢量的方法来描述,用一组有序闭合(首尾相连)的点来表示,两个相邻的点之间用线段连接起来就成了折线,然后把首尾连接起来就成了多边形。因为它无法在索引网格里表示,战场环境数据库就建立了一张面状抽象特征链表,只要记住了这个链表的表头,就可以历遍到战场环境中每一个面状特征对象。

根据面状抽象特征的共同特点,抽象出面状抽象特征的特征类 POLYGON 如式(13 – 4)所示。面状抽象特征链表就是以这个结构作为它的一个元素。POLYGON 是战场环境中某一具体对象模型在链表中的一个映射,在战场环境数据库搜索程序中可以通过 POLYGON 中的 ID 号映射到具体的面状特征对象:

$$POLYGON = \{ s\_featrueID, s\_featureName, s\_points[POINTSUM], s\_pointsum, {}^*pnext \}$$

$$(13 – 4)$$

式中:POLYGON 表示面状抽象属性;s_featrueID 用整型来表示,指面状特征编号;s_featureName 用字符串来表示,存储面状特征对象的名称;s_points[POINTSUM]是一个三维点坐标数组,从头到尾有序并且闭合地存储面状特征的拐点;s_pointsum 用整型来表示,是指表示该面状特征物的拐点总数;*pnext 是一个指针,指向下一个面状特征物,使得整个战场环境中线状抽象信息连接成一张链表。

13.3.7　战场环境数据库的对象模型设计

战场环境数据库的四个基本信息层以下又包含很多的对象模型。

战场环境数据库的对象模型主要定义了战场环境中各要素特征的一些属性,如对于 CGF 来说,主要考虑的因素是战场环境的特征对坦克的机动性、通行性和通视性的影响。机动性主要反映在该特征的某一属性如何影响坦克的行进速度。通行性则考虑特征属性是否适合坦克通行,例如遇到较深的河流,坦克不能通过等。通视性则反映了坦克的视野,使得仿真更加逼真。

战场环境数据库中不同对象属性的定义方法基本是一致的,只是在具体的对象中有不同的属性,对象属性的抽象定义方法如式(13 - 5)所示:

$$OBJ = \{ddbf\_ID, ddbf\_sumID, ddbf\_FeatureObjName, ddbf\_nPointSum,$$
$$ddbf\_pos[n], ddbf\_Attribution\} \tag{13 - 5}$$

式中:OBJ 表示属性集合;ddbf_ID 指特征编号;ddbf_sumID 存储当前链表中对象编号;ddbf_FeatureObjName 存储对象名称;ddbf_nPointSum 表示信息的拐点总数;ddbf_pos[n] 是一个三维点坐标数组,可以用 ddbf_pos[k].x、ddbf_pos[k].y、ddbf_pos[k].z 分别取道 x、y、z 的值;ddbf_Attribution 是这个对象的特殊属性集。

以道路对象为例,其对象属性如下:

$$ddbf\_Attribution = \{ddbf\_RoadName, ddbf\_RoadWidth, ddbf\_Roadthick,$$
$$ddbf\_RoadSoilType, ddbf\_RoadRank\} \tag{13 - 6}$$

式中:ddbf_RoadName 存储道路名称;ddbf_RoadWidth 存储道路的宽度;ddbf_Roadthick 存储道路的路面厚度;ddbf_RoadSoilType 描述道路的路面类型;ddbf_RoadRank 描述该道路的等级。

13.4　战场环境数据库编译器

战场环境数据库编辑器软件应具备两项基本功能:
(1)对多种格式的战场环境信息数据源进行编辑。
(2)实现战场环境数据源信息到战场环境数据库记录的转换。
战场环境数据库编辑器的性能应满足以下两个方面的要求:
(1)操作简便性:功能力求模块化,功能实现的操作步骤力求简练。
(2)软件可靠性:尽量能够长时间稳定运行。
(3)软件适应性:能够对各种误操作有妥善的处理,不致导致重要数据丢失和工作浪费。
(4)软件维护性:软件尽量便于维护,提供完整的故障排除方法。
战场环境数据库编译器的输入数据源,因为国内还没有一套完整的定型的标准可以参考,本课题的研究将以美国的 SEDRIS 标准和 ModSAF 的环境格式 CTDB 为框架结合这些年来国内的以及我们的一些探讨进行。编译器内部的工作主要是对读入的数据源进行结构分析,根据建立的战场环境分层模型,把输入按照定义的数据模型存储起来,以便用最快的方法搜索和查询,最后编译成一个战场环境数据库如图 13 - 4 所示。

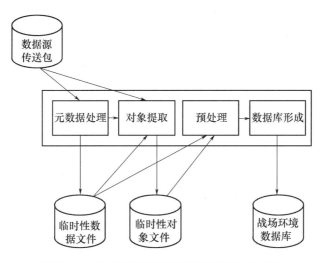

图 13 - 4 战场环境数据库编译器数据处理过程

目前,编译器的导入方法有两种,一是从地理信息系统数据库直接导入,分析各种数据形式,经过处理最后存储成战场环境数据库的格式。但是有的时候,仿真地域没有地理信息系统的支持,这种方法就无从下手了,这种情况下可以采用从军事地图导入数据的方法,采用这一方法,将这些数据源所包含的战场环境信息转换成战场环境数据库中的记录需要进行两个步骤的工作:

一是各种战场环境信息的识别和采集,由要用户手工完成,但工作应该在一个支持战场环境信息编辑的平台上进行。

二是将采集到的信息转换成数据库记录。由计算机自动完成,但计算机需要有一个将环境信息输入数据库的接口。

战场环境编辑器就是为上述两个方面工作服务。用户使用战场环境编辑器可以对各种格式的战场环境数据源在可视化界面上进行编辑,从中识别和提取出各种战场环境信息,对这些信息进行编辑和整理,最终由计算机按要求将这些信息写入战场环境信息数据库。

13.5   战场环境数据库 API 设计与实现

由战场环境数据库编译器产生的战场环境数据库还提供一套 API 函数,使得用户能够访问和修改战场环境数据库。通过开发 API,用户程序和数据库结构能分离开来,从而使这两者相互独立而互不影响,数据库的供应者和用户也不再需要为开发数据库软件而编写特定的存取代码以及库例程,因为 API 在不同的平台和不同的应用程序中使用相同的数据结构、存取代码及库程序。API 对用户是透明的,因为它提供了有关数据模型的细节,而不是数据的物理存储格式。

13.5.1   实现机制

战场环境数据库 API 的实现机制也可以看成是这个数据库的实现引擎。它是战场环境数据库的实时处理程序,它完成战场环境数据库的信息提取和处理以及内嵌的各种操作处理。通过引擎 API 提供了丰富的数据库接口,用户可以方便地提取、处理、设置战场环境数据库中的各种数据,透明地完成对战场环境数据库的各种操作处理,生成自己的应用程序。

为了使用户程序开发容易进行,引擎被设计成宿主程序,用户所要编写的只是一些事件响应函数,引擎在每帧都会回调(Call Back)智能实体与战场环境关系的回调函数,用户程序可以根据引擎回调完成用户对事件的实时响应和控制。采用这种机制,用户在源码级不必关心引擎的实现平台和具体细节,只要简单地利用引擎提供的 API 编写事件响应函数即可。

API 的引擎、函数以及用户应用程序框架如图 13-5 所示。应用程序入口在用户程序,引擎以动态连接库形式提供 API 函数的体系结构在下一节将详细介绍。

战场环境数据库 API 实现包括以下几个步骤:

(1)初始化加载数据库内容。

(2)初始化 API 引擎,包括帧回调内容和相关的用户 API。

(3)执行 API 引擎,主要是表现智能实体与战场环境的位置、交互等信息。

(4)用户执行 API。

(5)其他事件处理。

战场环境数据库 API 引擎在每帧处理的开始首先执行内部程序,完成当前

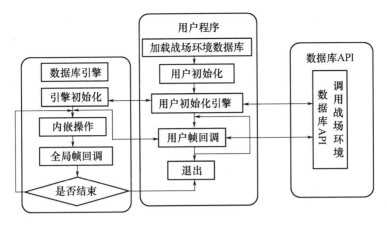

图 13 – 5　战场环境数据库 API 实现机制

帧战场环境以及战场环境与 CGF 关系的一些处理。然后 API 引擎会开放给用户一个机会,使他们能执行到自己的程序,相应的用户程序称为帧回调函数。用户可以在帧回调函数中获取战场环境的信息、处理战场环境与 CGF 之间的关系、控制引擎进程等。

帧回调函数分为两种,一种是全局帧回调函数,另一种是节点帧回调函数。全局帧回调函数只有一个,用户一般在全局帧回调函数中查询并处理外部事件,控制引擎进程。节点帧回调函数是用户对所要控制的节点设置的帧回调函数,依据用户设置的次序组成一个链表,如果用户要在每帧对节点进行控制,可以设置节点帧回调函数。

其他事件是指动态的改变战场环境内容,也就是实现战场环境的动态效果,在这里 API 引擎把它单独列出予以实现。

用户程序对引擎初始化之后可以调用引擎执行程序开始引擎处理循环。当引擎处理到需要控制的节点时,会调用用户的事件响应控制函数。引擎执行完一帧的处理后会调用用户设置的回调函数完成对节点或外部事件的控制如图 13 – 5 所示。关于帧回调函数的详细介绍见下节。

13.5.2　API 体系结构

战场环境数据库中所有 API 函数由三部分组成,包括初级 API、高级 API、更新 API。其中初级 API 中主要包括一些战场环境数据库信息提取的函数,有位置获取、属性提取等。高级 API 包括根据初级 API 提取的信息分析综合得到的信息。更新 API 是指根据战场环境实时的信息,改变战场环境数据库,使得战场环境可以达到动态改变的目的。总的来说前两种 API 可以看成是读 API，它是一系列功能函数的集合，具有集成的功能，利用用户传递的参数调用数据库底层的数据结构，并对读出的数据进行一定的处理。更新 API 的目的是建立一个动态的战场环境数据库，如更新各种武器在地面或交通要道上形成的弹坑；更新地表上的各种静态对象，如建筑物、树木、桥梁等的破坏；支持作战的多种军事工程，如掩体、障碍物、雷区、浮桥等的放置。

1. 初级 API

战场环境数据库的初级 API 包括两大部分，一部分是运行 API 引擎所必需的接口函数，另一部分是获取战场环境信息的接口函数。主要函数如下：

（1）引擎函数。包括数据库文件加载函数，引擎初始化、引擎回调函数等，如：

```
LoadCGFBattleFieldDB(char * fileName)
```

参数：字符串，表示战场环境数据库的路径名，其后缀名为.ddbe。

功能：加载由战场环境数据库编译器生成的后缀名为.ddbe 的数据库。目的就是，根据保存的数据结构把数据再一次读入到内存中。这其实是战场环境数据库编译器最后一步的一个逆过程。

```
void InitCGFBattleFieldDB( )
```

参数：无。

功能：初始化战场环境数据库信息搜索、查询、提取等所必要的初始化工作，连接各种资源，制定智能实体列表等工作都放在这个全局初始化中完成。这个初始化工作是在整个仿真程序的初始化过程中完成的。

```
void RunDBEngine( )
```

参数：无。

功能：该函数在帧循环中每帧回调，它主要是搜索整个战场环境数据库，确定战场环境以及战场环境与智能实体关系的变化。这些改变都会反映在一张数据表中，其他函数获取信息就可以直接访问这张数据表了。它还是一个回调函数，它给用户机会调用用户需要的操作。

（2）信息获取函数。这方面的函数比较多，这里只是举出比较典型的几个例子：

```
DDPosition GetPointPosition( * char name )
```

参数：点特征对象名，字符串形式。

返回值：DDPosition 是战场环境数据库自定义的一个三维点坐标数据格式，具体形式如下：

```
struct DDPosition{float  x,y,z;}
```

功能:根据输入的对象名称,函数返回一个三维点坐标结构,表示该点信息在战场环境中的位置。

```
            TREEOBJ  GetAttributeTree( *char name)
```

参数:特征对象的字符串名称。

返回值:独立树对象属性结构, TREEOBJ 的具体结构如下:

```
struct TREEOBJ
{
    int        ID;                    //特征编号
    int        treeID;                //分类特征对象编号
    char       FeatureObjName[20];    //特征对象字符串名称
    DDPosationpos;                    //特征对象位置坐标 z
    char       TreeName[20];          //树木名称
    float      TrunkRadius;           //树干半径
    float      CrownRadius;           //树冠半径
    int        TreeHeight;            //树的总高度
}
```

功能:根据对象名称获取战场环境中某独立树的所有属性信息。

```
int GetAttributeTreeHeigh( *char name)
```

参数:特征对象的字符串名称。

返回值:独立树的树高,是整型数字。

功能:该函数与上一个函数有一定的功能重复,但是它能使用户更方便的获取信息,而不要记住复杂的结构。

2. 高级 API

高级 API 是在获取了战场环境信息后,对其进行分析、处理得到的结果。主要反映战场环境中特征对象之间的关系以及战场环境与智能实体之间的关系。主要的 API 函数如下:

(1) float GetPointAndPoint(DDPosation pos1 , DDPosation pos2)。

参数:分别表示两个三维点的坐标。

返回值:两点间的距离,浮点型数据。

功能:计算两点之间的距离。

(2) BOOL IsPointSeePoint(DDPosation pos1 , DDPosation pos2)。

参数:分别表示两个三维点的坐标。

返回值:真表示两点之间是通视的,否则,不能相互看见。

功能:计算两点之间的通视情况。

(3) BOOL IsPointInPolygon(float x,float y, * char name)。

参数:前两个浮点型数据表示该点的平面坐标,第三个参数是多边形特征对象名称。

返回值:返回真表示该点在多边形内,反之则在多边形外。

功能:该函数的用处很多。战场环境中有很多地域是智能实体不宜穿越的,例如炮火压制区、雷场、毒区等,包括湖泊、小树林等坦克大多是也是要绕行的。那么怎样才能让坦克(智能实体)避免进入这些区域,在坦克CGF中就显得很重要又很基本了。该函数就提供了这项功能,使得坦克可以绕开不宜进入的多边形区域,它在路径选择上也有很重要的作用。

(4) BOOL IsPointInPolygon(float x,float y, * DDPosation pos)。

参数:前两个浮点型数据表示该点的平面坐标,第三个参数是一个三维点数组。

返回值:返回真表示该点在多边形内,反之则在多边形外。

功能:是上一个函数的重载函数,可以用点坐标数组指定一个多边形。

3. 更新API

更新API涉及到动态地形数据库的问题,这个问题比较复杂,也是当前环境仿真领域的一个难题。以下简要地介绍其中的几个API函数。

(1) 特征物的位置设置。

在战场环境中,因为战斗的推进,攻守双方会根据当前战况临时的设置一些障碍物、掩体、通道等,这些情况要及时地在战场环境数据库中表现出来。

```
void SetPointFeature( * char name )
```

参数:点状特征名,字符串形式。

功能:根据特征对象的名称把该特征的属性值写入数据库。在这之前,程序首先要为将要写入数据库的特征对象做好定义。例如要临时添加一个碉堡,首先就要填写碉堡的属性数据结构,该结构在前文已有介绍,这里不再赘述。

程序能够根据对象名称,在数据库中加入新的数据。同时,程序会根据ID号把该特征对象插入到各链表中。以上面的碉堡对象为例,它会根据它的坐标位置找到它所处的网格,然后插入到该网格的点状特征链表中。如果是线状或是面状特征,程序也会根据ID号把它们插入到相应的链表中。

同样的,线状和面状特征写入函数如下:

```
void SetLineFeature( * char name )
void SetAreaFeature( * char name )
```

（2）特征物毁伤设置。

特征物的毁伤在战场环境中到处可见,毁伤后的特征物与原来的在属性上有很大的差别,因此在战场环境数据库中体现毁伤状况意义非常重要。当前的战场环境仿真对于毁伤特征物的处理通常采用模型替换的方法,战场环境数据库也采用这种方法。从视景上来说,在事件发生时,程序会替换事先准备好的毁伤模型。战场环境数据库事先也设置了毁伤特征物的参数,在事件发生时,程序调用这些毁伤模型数据来替换原先的数据。函数如下:

```
void SetPointDamageFeature( * char name,int nlevel )
void SetLineDamageFeature( * char name,int nlevel )
void SetAreaDamageFeature( * char name,int nlevel )
```

参数:第一个参数表示,该特征对象的名称,第二个参数表示毁伤级别。

功能:设置特征物的毁伤数据,只要在原先列表中找到该特征对象,根据毁伤级别调用数据,同时把以上数据写入数据库,即可完成该操作。

（3）弹坑设置。

弹坑在战场环境中随处可见,它是由炮弹爆炸产生的,因此它的产生可能发生在战斗的每时每刻。实现动态弹坑的方法很多,程序里应用了植入法,这是为了配合视景技术而采取的方法。从事先准备好的弹坑模型中获取数据,在有炮弹落地时,从数据库中调用相应的模型,即可实现。具体的算法可见下一节。调用动态弹坑的函数如下:

```
void SetPointCrater( DDPosation pos,int nlevel )
```

参数:第一个参数是弹坑的中心位置点坐标,第二个参数是炮弹种类。

功能:在战场环境数据库中写入弹坑信息。

参 考 文 献

[1] 郭齐胜,杨立功,杨瑞平,等.计算机生成兵力导论[M].北京:国防工业出版社,2006.

[2] 龚光红.DIS 环境下的计算机生成兵力系统研究[D].北京:北京航天航空大学,1997.

[3] 王昌金.DIS 环境中的海军水面舰艇 CGF[D].北京:北京航天航空大学,1998.

[4] 庞国锋.分布式虚拟战场环境中计算机生成兵力系统的研究[D].北京:北京航天航空大学,2000.

[5] 刘秀罗.CGF 建模相关技术及其在指挥控制建模中的应用研究[D].长沙:国防科技大学研究生院,2001.

[6] 王会霞.计算机生成兵力系统研究[D].北京:北京航天航空大学,2003.

[7] 刘邦信.计算机生成兵力的实体建模技术[D].北京:北京航天航空大学,2003.

[8] 郑义.计算机生成兵力行为建模与实现技术研究[D].长沙:国防科技大学研究生院,2003.

[9] 陈中祥.基于 BDI Agent 的 CGF 主体行为建模理论与技术研究[D].武汉:华中科技大学研究生院,2003.

[10] 杨艾军,江敬灼,张俊学.多分辨率仿真聚合/解聚建模[J].军事运筹与系统工程,2002(1).

[11] 魏记.基于多重表示建模的聚合解聚的研究与实观[D].北京:北京航天航空大学,2003.

[12] 杨立功.聚合级 CGF 仿真的关键技术研究[D].北京:装甲兵工程学院指挥管理系,2005.

[13] 王江云,龚光红.计算机生成航空兵力的多分辨率建模方法研究[J].系统仿真学报,2008,20(11).

[14] 柏彦奇,等.聚合级分布交互式作战仿真体系结构研究[J].计算机仿真,1999,16(4).

[15] 张国峰,等.聚合级仿真系统中几个问题的研究[J].计算机仿真,1999,16(4).

[16] 叶雄兵,等.分布式仿真聚合协议的研究[J].军事系统工程理论创新与实践,2000.

[17] 宁方辉.分布式虚拟海战中的地形描述和航路规划研究与实现[D].长沙:国防科技大学研究生院,2004.

[18] 李国平.CGF 路径导航规划及优化转向问题研究[J].指挥控制与仿真,2010,32(1).

[19] 左承林.CGF 主体智能移动方法研究[D].长沙:国防科技大学研究生院,2011.

[20] 孙少斌,等.动态环境下 CGF 实时路径重新规划算法[J].系统仿真学报,2007,19(13).

[21] 杨瑞平,等.地面作战仿真系统中实体行为研究[J].系统仿真学报,2004,16(3).

［22］杨瑞平.指挥实体建模研究［D］.北京:装甲兵工程学院指挥管理系,2006.

［23］董志明.适于 CGF 的战场环境数据库研究［D］.北京:装甲兵工程学院指挥管理系,2004.

［24］张小超.虚拟战场环境下的动态地形研究［D］.北京:装甲兵工程学院指挥管理系,2002.

［25］杨瑞平.计算机生成兵力智能决策方法及其仿真应用研究［M］.北京:电子工业出版社.2011.

［26］姜伟,等.水面舰艇 CGF 的构造与建模［J］.计算机工程与设计,2004,26(9).

［27］Emmet Richard Beeker. Battlespace Federation：An HLA Experiment in Disaggregation［C］. SIW Spring 2000. 00S－SIW－083,2000.

［28］Chen Zhongxiang,Zhao Yong,Yue Chaoyuan. An Intelligent Approach to Evaluate the Activity Time in the Project［C］. In：Proceedings of the Second International Symposium on Intelligent and Complex Systems,Wuhan,China,October 17－20 2001. Intelligent and Complex Systems：An added Volume of Dynamics of Continuous. Discrete and Impulsive Systems,2003：17－22.

［29］Tom Hughes. Human Behavioral Representation Requirements for Integrated Air Defense System［C］. Porceedingof the 11th Conference on Computer Generated Forces and Behavioral Representation. Orlando,Florida,2002.

［30］Lyle Bloom. Modeling Adaptive,Asymmetric Behaviors［C］. Proceeding of the 12th Conference on Computer Generated Forces and Behavioral Representation. Orlando,Florida,2003.

［31］Chris Forsythe,Patrick Xavier. Human Emulation：Porgress Toward Realistic Synthetic Human Agents［C］. Porceeding of the 11th Conference on Computer Generated Forces and Behavioral Representation. Orlando, Florida, 2002.

［32］陈中祥,王梦林.计算机生成兵力中的行为建模技术［J］.通信指挥学院学报,2003,4(23).

［33］章士嵘.认知科学导论［M］.北京:人民出版社,1992.

［34］陈霖,朱没,陈永明.心理学与认知科学,21世纪初科学发展趋势［M］.北京:科学出版社,1996.

［35］辞海编辑委员会.辞海［M］.上海:上海辞书出版社,1999.

［36］辞海编辑委员会.辞海［M］.上海:上海辞书出版社,1979.

［37］许宁宁.行为科学百科全书［M］.北京:中国劳动出版社,1992.

［38］郑义,李思昆,胡成军,等.虚拟实体对象的建模方法研究［J］.国防科学技术大学学报,1998,20(1).

［39］郑义,李思昆,曾亮.虚拟战场实体行为建模技术［J］.计算机应用,2000,20(Suppl).

［40］庞国峰,郝爱民,梁晓辉.一种计算机生成兵力系统自治实体行为描述原语［J］.系统仿真学报,2000,12(4).

［41］董志明,等.战场环境仿真［M］.北京:国防工业出版社,2006.

[42] 胡训强，谢晓方，杨迎化. CGF 实体战场感知行为建模研究[J]. 电光与控制,2010,17 (12).

[43] Nobert Wiener. CYBERNETICS or Control and Communication in the Animal and the Machine. 1961.

[44] RichardW Pew, Anne S, Mavor. Modelling human and organization behavior：Application to Military Simulations. National Academic Press, Washington, D. C. 1998.

[45] RichardW . Pew and Anne S. Mavor. Representation Human Behaviorin Military Simulations：Iterim Report (1997).

[46] John Funge. Cognitive Modeling for Computer Generated Forces. Proceeding of the 8th Conference on Computer Generated Forces and Behavioral Representation. O rlando, Florida, May, 1999.

[47] BrianJ Dubas, Gary L Waag. OPFOR Perception of the Batlespace(OPB)：Challenges for Intelligence Community Support to Military Training Simulations. 1999 Fall Simulation Interoperability Workshop.

[48] 郑援. 虚拟世界行为建模技术的研究、实现与应用[D]. 长沙:国防科技大学计算机学院,1998.

[49] 郭齐胜,等. 分布交互仿真及其军事应用[M]. 北京:国防工业出版社,2003.

[50] 郭齐胜,等. 计算机仿真原理[M]. 北京:国防工业出版社,2002.

[51] Tuttle C. Knowledge Acquisition Tool-Supporting the Development of a Knowledge Base. Paper of the 8th CCF & BR Conference, May 1999.

[52] Qing S, Yin H K. An Inteligent Agent in an Air Combat Domain. Paper of the 9th CGF & BR Conference, May 2000.

[53] Karr C R, Hollis P C. Fuzzy Modeling of Synergistic and Implicit Battlefield Effects in WARSIM. Paper of the 9th CGF & BR Conference, May 2000.

[54] Peterson B, Stine M J L. A Process and Representation for Modeling Expert Navigators. Paper of the 9th CGF&BR Conference, May 2000.